国外城市设计丛书

美化与装饰

（第二版）

[英] 克利夫·芒福汀　泰纳·欧克　史蒂文·蒂斯迪尔　著
韩冬青　李　东　屠苏南　译

中国建筑工业出版社

著作权登记图字：01－2003－8411 号

图书在版编目(CIP)数据

美化与装饰 /(英)克利夫 · 芒福汀等著；韩冬青等译.
—北京：中国建筑工业出版社，2004
(国外城市设计丛书)
ISBN 978-7-112-06111-2

Ⅰ.美... Ⅱ.①芒...②韩... Ⅲ.城市空间－建筑设计
Ⅳ.TU984.11

中国版本图书馆 CIP 数据核字(2003)第 100941 号

策　　划：张惠珍
责任编辑：戚琳琳　马鸿杰
责任设计：彭路路
责任校对：黄　燕

国外城市设计丛书
美化与装饰(第二版)
[英] 克利夫 · 芒福汀　泰纳 · 欧克　史蒂文 · 蒂斯迪尔　著
韩冬青　李　东　屠苏南　译
*
中国建筑工业出版社出版、发行(北京西郊百万庄)
各地新华书店、建筑书店经销
制版：北京嘉泰利德公司
印刷：北京中科印刷有限公司
*
开本：787 × 1092 毫米　1/16　印张：$11\frac{3}{4}$　插页：2　字数：290 千字
2004 年 2 月第一版　　2009 年 10 月第三次印刷
定价：28.00 元
ISBN 978-7-112-06111-2
(12124)

目　录

第一版序言

对于用美化与装饰为城市增色这一问题,人们的态度可谓千差万别。原教旨主义者认为这种美化既堕落又有害,而另一些人则会在繁复奢华的图形中感受到愉悦和快乐。勒·柯布西耶的著作,国际现代建筑联盟(CIAM)的宣言,包豪斯的设计作品以及第二次世界大战后欧洲、北美以及其他地方备受争议的城市开发,都是现代建筑运动的典型。在这个时期,人们是鄙视建筑中的装饰的。

现在,我们正尝试从美学的角度,并联系社会和经济的问题来重塑人义的城市。本书中,我们已经运用了城市设计的美学方法,这主要是因为理论界近来忽视了这个领域。我们很有必要讨论曾经规范过城市美化与装饰的那些原理,以纠正以往的偏颇,使城市更富于人性化,使城市生活成为愉悦的体验。亨利·伍顿(Henry Wootton)先生把建筑的基本品质概括为"坚固、实用和愉悦"。过去几十年里,我们总是将注意力集中于前两个因素,而现在已到了我们回过头来探讨"愉悦"的时候了。

在许多城市,市中心已不再是从前的机动车道了,柏油路也被复杂且昂贵的地面铺装所替代,但这并不总是那么成功。大多数城市正尽力在它们的广场上设置雕塑或是装饰性喷泉,但鲜有像坎培多格里奥(Campidoglio)的马库斯·奥莱欧(Marcus Aurelius)塑像,或者像特莱维喷泉(Trevi Fountain)那样的具有纪念性的作品。因此,在我们犯下更多错误之前,阐明使城市装饰获得成功的基本原理就显得十分必要了,本书对于那些致力于以美化与装饰来改造城市,并重塑人性化城市的建筑师、城市设计师、规划师、城市官员、开发商及广大的市民,将大有裨益。

第二版序言

本书的目的在于审视装饰用于美化城市的意图或目标。它不是从探讨城市建筑装饰的起因出发的,也没有提供良好的装饰设计的具体技巧。它仅仅是理性地探讨城市设计中美化与装饰的性质或要求的一个起点。正因为如此,作者试图在已建成的建筑中,探寻装饰被用于何处以及运用的原因。在任一教程中,装饰处理总是按照形式和功能分类的。许多地方专家正在准备设计概论和设计指导手册。这些资料或许已经讲述了在城市的某些地方所使用的材料、色彩和细部构造。其实,这些资料更应该为某一类人所准备并为其所有,他们应当理解城市装饰艺术内在的原理以及其外在的灵活性,以便能够很容易地接受那些具有挑战性的创造性思想。灵活的思想来自于广博的城市设计理论教育,本套城市设计丛书的各个分册就是为此目的而编写的。

第二版的《美化与装饰》增加了一个新的章节,它强调装饰同支持装饰并付与其意义的建筑技术之间的相互联系。该章主要介绍尼日利亚豪萨人(Hausa)的传统生土城市。传统的豪萨城市具有独特的魅力,且远离我们在西欧和北美的城市,因此我们有可能避开现有话题的争论而讨论装饰的运用问题。20世纪初期,艺术界和建筑界先锋派运动的思想源泉正是那些"原始的艺术实践"。举例来说,立体派就曾受到非洲雕塑形式的影响,而建筑师则一再对原始小屋或基本住所产生兴趣。例如,勒·柯布西耶据说曾受到诸如米可诺(Mykonos)一带教堂那样精彩的雕塑式建筑的很大影响。鉴于那些文化背景与我们大相径庭的人们在艺术实践所产生的悠久的传统思想,因此很值得我们再次探究他们的城市建筑。除了可以传授城市装饰运用一般原理的课程之外,再补充关于豪萨城市的章节,也是因为豪萨城市建筑那种十分入画的品质。第九章以"尾声"的形式来表述个人的见解,是为了保持本书的连贯性,因为本书内容是三位作者共同思考的成果。

第一章　美化与装饰的理论与哲学

引　言

城市设计，即城市建设的艺术，旨在建立使城市区域组织化和结构化的方法，它不同于私有领地的详细设计。本书涉及城市设计的一个方面，即城市中美化与装饰的职责、功能与形式，所有的开发都应视作是有意地去装饰城市，这是本书所持的基本视角。亚历山大（Alexander，1987）曾指出：每一次开发都应以使城市更为健康、更为全面为目的。我们认同这个观点，同时也更加提倡美化与装饰的首要原则在于将城市的各部分整合为一个综合的有机体。增加开发意在装饰城市，而城市开发又基于对一系列诸如职能、使用、成本、选址的经济性和可用经费等现实因素的考量。以上两种观点并不矛盾。如果没有对这些开发先决条件的适当考虑，城市将会难现生机甚至死亡。但是，如若已经解决了这些开发的现实因素，那么，评价城市任何发展的最终判断标准就在于它是否有助于装饰城市。

美化与装饰有三个相互关联的功能以有助于城市机体的健康。其一，超越单体建筑的装饰并丰富区域的装饰主题；其二，提升场所物质的、社会的和精神的品质，即强化场所的特征；其三，增强城市的可识别性。20世纪之前，对于装饰的自觉努力曾是大规模开发的内在组成部分（图1.1）。在20世纪，城市开发中装饰的主导地位已经让位于其他因素（当然也有例外），其中主要是经济利益。正因如此，我们不得不回眸过去，以便重新寻找装饰的理性所在。没有这样的理念，城市的美化与装饰将被视作繁琐、造作的过度粉饰，一种掩盖廉价和劣质建设的虚饰品。

本书的目的在于通过美化与装饰，组织城市中的主要元素以形成一个令人愉悦的可回忆的模式。我们根据林奇（Lynch，1960）的城市意象观念来进行城市美化与装饰的分析。因此，文章将立足于林奇提出的城市意象五要素：即道路、节点、边缘、标志和区域。按照林奇的论述，清晰的城市即易于知觉和想像的城市，有着明确的限定，易于识别且具有清晰的知觉结构。在某种程度上，阅读或理解某个城市因人而异，然而一个结构清晰的

图1.1　装饰性围栏，南锡

城市却应当是人们能拥有共同意象的城市。城市设计的关注点之一正是这个共享的意象。本书意在明晰并强化这五个城市意象要素以增强城市意象，并探寻美化与装饰在提升城市意象对市民和外来者的吸引力等方面的可能性。

本书的标题中出现了两个词“decoration”和“ornament”。按照《简明牛津英语词典》，这两个词有着相似的含意：即美化、装饰与修饰。但decoration有着日常性行为的含意：即个人装饰其住家、起居室、圣诞树或是婚礼蛋糕。而ornament有着更为正式的含意，例如与一定的建筑风格相关联的美化工作或是独特的建筑师的作品。本书按照这种细微的含意差别，用美化（ornament）来表达在城市景点中安置雕塑、喷泉、方尖碑之类的城市设计要素；装饰（decoration）则用于示意诸如在前庭花园中放置守护神、为圣诞等节日而进行的装扮城市或灌木修剪之类的大众行为。显然，这两者之间有许多重叠的地方，在正式的美化与非正式的装饰之间建立精确的界限是不可能的，事实上，这或许是不可期望的。

维也纳建筑师卡米诺·西特（Camillo Sitte,1901）曾在其著作中指出：一个城市的美化主体在于其街道与广场。无疑，其他人会对西特的城市美化清单进行补充，例如公园、滨水步道及主要的民用建筑。即便在其明确限定的范围内，西特亦深切地关注着街道和广场的美化装饰。他详尽地分析了城市空间中雕塑和喷泉的位置，他认为设置不当的公共建筑破坏了城市景观。城市街道和广场的装饰要素不仅仅是精致雕塑或是奇特的喷泉，更为平凡也更为重要的城市景观是那些街道要素，如电话亭、围栏、指示牌和座椅，或是诸如树木和灌木等软质景观要素。对此，西特也同样关注。阿谢德（Adshead）在1911年发表了他有关街道陈设的重要论点：“我们必须意识到街道上的所有物件无论其功用何在，都是视觉的一分子，都是有机整体的组成部分，各自均有其独特的角色和地位。在奥林波斯、雅典和罗马，这些物件随处可见并成为如画般场景中的恰当角色。”(1911a)

旨在视觉愉悦的装饰

衡量装饰最显著或许也是最重要的尺度，是其视觉效果，诸如视觉秩序或统一、比例、尺度、对比、平衡和韵律。美化与装饰也有释放情感、刺激反应、勾起回忆和激发想像的作用。就一般层面而言，装饰是创造愉悦视觉的活动，一个追求欢愉视觉的形式塑造过程，这种自在的活动无需外界或更高的权威去论证其存在。

外界对于以装饰来美化城市的态度各不相同。原教旨主义者视这种美化既堕落又有害，而另一类人则沉迷于繁复奢华的图形并倍感欢快，还有介于二者之间的种种态度。现代主义建筑运动、建筑大师勒·柯布西耶的著作要旨、国际现代建筑联盟的宣言、包豪斯的活动及第二次世界大战后备受批评的欧洲城市开发，汇成了一个鄙视建筑装饰的时代。在英国，现代建筑活动可以被看做是对过度繁复的一种反叛，一些人则贬低19世纪的建筑师及其20世纪的追随者们的工作。19世纪中叶，皮金(Pugin)在其著作中攻击其所处时代的建筑中的粗俗之举，他称之为“连绵不绝的无趣的矿坑”(1841b)。将城市建筑从自我放纵的过度装饰中解除出来，需要一段时期的谨慎热情，这样的时期允许人们去重新估价城市中美化与装饰的价值和作用。

因此，本书反对那种认为装饰中固有邪恶的论调。斯克鲁顿(Scruton，1979)支持这种观点，他认为美学辩论中并不存在“道德争辩”这样的论题。建筑上的美化或装饰自有其趣旨，无论是半木架村落中复杂的黑白图案（如Weobley），还是南部罗德街图纹化的铸铁连拱廊。复合装饰的丰富性，给观者带来了原始性的愉悦。本书试图为这种原始性的活力建立秩序，我们从理论与哲学的角度来讨论是否有可能鉴定城市美化的美学经验，以思想及评判来补充复杂视觉现象中那种即兴和敏锐的感觉。这种鉴定将会成为在未来的开发中有序地使用美化与装饰的基础。

装饰的美学经验和视觉吸引力取决于四个因素。首先是空间的质量。空间乃装饰之依附，同时也为装饰所强化；其次是装饰的物质形态和模式；第三是装饰的条件，如天气状况，尤其是光的质量；第四个因素与观摩者的知觉结构有关，如其情绪、观察方式以及在此之前看到过的东西。

装饰的客观考量

整　体

鉴于基本的设计概念及其与城市设计的关系，已经有过完整的讨论[芒福汀(Moughtin)，1992]，这里便将其直接联系于美化与装饰。也许任何艺术作品最重要的品质就在于一个单一理念的清晰表达。任何媒界中的任何理念，都必须具有完整性，而不能由散置的彼此缺乏联系的要素来组成。因此城市设计趋向于在其组织中表达完整的协调性。林奇、亚历山大和诺伯格·舒尔茨等理论家都试图将整体概念中的综合性运用于城市设计领域（林奇，1960；亚历山大，1987；诺伯格·舒尔茨，1980）。对于他们来说，人的知觉研究对于理解整体性是很重要的。心理学中的格式塔学派（Gestalt school）强调几何感知中视觉形式的简洁性，因为这样才能达到清晰和纯粹，以便使图形从背景中区别出来[卡茨(Katz)，1950]。为了在城市中辨识方向，人们必然把环境简化成可以理解的简洁的记号和线索模式。用诺伯格·舒尔茨的话说就是："如果可把知觉心理学的这些基本结论翻译成更通常的概念，那么我们可以说，基本的组织化图解包括中心或场所的建立（接近）、方向或路径（连接）以及区域领地（围合）。"（1971）。城市设计中的构成首先是创造视觉协调的艺术而非要素的分置。因此，装饰的共同主题对强化观察理解并反馈于那些生动且整体的意象旨趣是很重要的。此外，自身具有视觉和组织整体性的城镇结构，则可将这些较少协调性的要素联结起来。林奇提出：将发展一个鲜明的城市意象作为城市设计的目标。亚历山大（1987）认为：与林奇的五要素相维系的装饰模式结构对于创造城市的整体性至关重要。而在林奇的叙述中，这一点就更可以想像了（1960）。

比　例

图形各部分或要素之间的比例是协调与否的重要因素。比例即是为组织化的元素给出适当的分量，这是建立视觉秩序的方法。举例来说，沃尔夫林（Wolfflin，1964）指出："文艺复兴以比例系统为乐趣。在这个系统中，小件预示出整体的形态从而达到了小中见大。"按照比例的规则，一个视觉元素或相互关联的一组元素控制着整个构图。在城市设计中，这种支配性元素也许是被主要民用建筑环绕的市政广场。对协调性同样重要的是一个装饰题材的作用，包括重复使用某种屋面材质、售货棚、天际线、屋脊、边缘和屋檐细部等，也包括形状彼此和谐的街道陈设（图1.2）。设计者的职责在于使地面、墙面和陈设整合形成符合功能和象征要求的城市空间，如此才能使其具有吸引力且令人愉悦。美化与装饰的运用突显出主要的结构性元素，这将有助于完善城市的视觉效果。这里要强调的是视觉愉悦与对城市结构的理解是相互联系的。

尺　度

尺度取决于某量度系统与另一个量度系统之间的比较。城市设计关注人的尺度，换言之，即是建筑物和城市空间与人体尺寸的

图 1.2 奇萍坎帕顿(Chipping Campden)

联系。因此，人是建成环境的量度标尺。城市空间及其建筑外表的视觉质量和城市改造或整合，都与城市景观的正确尺度紧密相关。美化与装饰对于在某个区域内创造出人的尺度起着重要的作用。

既然人是尺度的标尺，那么人必须被看见，尺度才得以确立。尺度度量的数学来源于迈顿（Maertens，1884）的研究。迈顿发现站在距一个物体空间最小尺度的3500倍之外，我们就无法区别出该物体，由视觉几何规定的限制制约着城市尺度的变化。根据迈顿的学说，鼻骨是人体辨识的关键元素。在大约12米（40英尺）的距离上仍然可以看到人的面部表情；在大约22.5米（75英尺）的距离还可辨别出此人是谁，但是超过35米（115英尺）就无法识别人的面部了；在135米（445英尺）的距离只能认出人体的姿势；在大约1200米（4000英尺）则是能够看见并有可能认出人群的极限距离。

根据古典学者的理论，一个建筑物的整体意象知觉可以假设为一个站立不动的观众一瞥之下便可获得其立面的整个构图。其前提是这个观众与建筑之间的距离保持两倍的建筑高度。在这个距离上，建筑顶部与观众之间的连线与地平面成27度角。布罗曼菲尔德（Blumenfeld，1953）依循这个线索，根据他的研究得出结论：如果可在22米（72英尺）的距离上看清建筑，则建筑的高度应当是9米（30英尺）。若要看见邻居的面部表情，则水平距离是12米（40英尺），且建筑的高度为二层。21–24米（70–80英尺）的街道宽度对应于三层高的沿街立面；12米（40英尺）的街道宽度对应于二层高的建筑，这两者都与惯常的人的亲切尺度感相吻合。以这样的尺度和距离，建筑的最小装饰要素不应小于1–1.5厘米。而三层以上则应采用轮廓清晰的装饰以便构成鲜明的印象。突显的柱帽或是屋顶轮廓在这个视距范围是最有效的。1英里的距离则为人的尺度的极限，有时被视作纪念性尺度，此时聚居群落的天际轮廓最具装饰效果。

人们并非只在一些固定的地点欣赏建筑，一幢建筑可以从许多有利的位置被观察。对城市而言，这一点就更突出了。呈现在人们面前的城市景观是一连串不断变化的图像，即所谓的步移景异。例如，某个面层可以从许多有利点来观察，其装饰可以有许多层次，近处可看到精致的工艺，中距离可看到装饰的组织结构，远视则可欣赏到剪影式的轮廓形状。在西方，建筑学中大致有两套建立建筑元素组织秩序的方法论。古典设计学派当为其首。这一学派的传承来自于由维特鲁威及其文艺复兴追随者阐释的希腊设计家的理论。另一个则源于中世纪的工匠大师。哥特建筑中的精美作品正是由那些与人及建筑整体有着密切尺度关联的元素所构成。古典柱式的尺度与整个建筑相关联：柱身、檐额及线脚均随着建筑高度的变化而伸展或缩小。建筑的各个部分都与柱子底部的尺寸相关，由此建立起建筑与人的尺度的绝对关联。在古典建筑中，柱、檐、门等元素的数量保持稳定，变化的是尺寸。中世纪建筑元素的尺寸保持恒定，变化的则是其数量。

这两种尺度处理方法，尽管其前提不同，却有许多共同之处，且各自都能得出和谐的构图。在古典学派和哥特学派的经典之作中，其尺度概念并非都彼此抵触。就像古典希腊神庙一样，哥特教堂立面的结构性元素也有着清晰的模数，立面是由其元素来清晰表达的整体。莫根（Morgan，1961）已经提到：在中世纪建筑中建立起来的规则，某种程度上应归功于工匠，为控制建筑尺寸而使用的直角规，它确保了“相似联系的重现”，从而在整个设计的所有部分都浸染着和谐的品质。古典希腊神庙从未失却过与人体尺度的关联性。神庙的高度不超过20米（65英尺），从21－24米（70－80英尺）的近距离可以观察到完整的图像。通过细部与人体各部分的直接联系、模数与正常的人体尺寸联系起来。例如，柱子上凹槽即是手臂的宽度。这个模数设计体系能够而且确实导致了古罗马和巴洛克建筑中的巨构主义（gigantism）。当两幢采用不同模数的建筑邻近布置时，模数体系也能带来混乱。然而，当这个模数和整个建筑的尺寸被置于21–24米（70–80英尺）的视距上时，建筑则自然地取得了和谐的比例和人的尺度（迈顿，1884）。

欧洲城市中不同的比例体系和建筑的尺度处理方法导致了两个装饰体系的发展——古典的和中世纪的（或称哥特的）。两者各有其典型的装饰特征和模式。但实际结果远不像这里论述的那般区别明显，两种途径之间的差异被多种样式的华丽修饰所模糊，它更表现为一个连续的差异序列而非是简单的两分法。

1.3

1.4

图 1.3　南威尔大教堂，南威尔(Southwell)

图 1.4　坎布多克里奇广场的宫殿，罗马

因此，城市设计者假若涉足传统城市的旧区，就必须注意到这种细微的差异(图 1.3 和图 1.4)。

协　调

建筑中的协调理论主要源自文艺复兴时期的古典学者。他们认为："古典建筑的目标总是要取得绝对的协调。这种协调性只能传承于古代建筑，并且在很大程度上'根植于'主要的古典要素，特别是'五柱式'。"[苏姆逊（Summerson），1963]。由比例而取得协调的方法在于建立模数，这个模数或度量单位即是柱子的半径，其自身在柱基处则分为30个部分。整个结构的全部元素都是这个模数的倍数。建筑的五柱式有其各自的比例系统，例如塔斯干柱式的柱高为14个模，爱奥尼和科林斯柱高为19个模，混合式柱高则为20个模（苏姆逊，1963）。柱式的所有其他部分的尺寸依据同样的方式而变化。这种比例的目的在于付与整个建筑以和谐。通过运用一个或多个柱式作为建筑的支配性部件，便可体现出协调，也许通过单一比率的重复则更为简单："设计之要诀就在于将建筑及其所有部分置于恰当的地方，定出精确的数量、适宜的比例和漂亮的柱式。由此便可形成比例相称的整个结构形式。"[阿尔伯蒂（Alberti），卷1，1955]。说到比例，阿尔伯蒂也指出："无论是什么事物，当不同的对象彼此能构成适当比例，并以有规律的方式组合在一起时，变化无疑是非常完美的。然而，若这些要素比例不适当甚至是相互冲突的，那么这种变化则非常唐突。拿音乐来说，如果低音部回应高音部，低中音协同其间，那么就会从声音的变化中产生令感官愉悦的和谐且美妙的和声。"(阿尔伯蒂，1955)。按照阿尔伯蒂和其他文艺复兴理论家的观点，美是一种和谐，它根植于具有完整比例系统的建筑之中，这种协调性并非来自个人的奇想，而是得自于客观世界。

探寻隐藏于建筑美各种形式背后的神秘的数的和谐，并不仅局限于文艺复兴。按照斯克鲁顿（Scruton，1979）的观点，从埃及人到勒·柯布西耶，这已经是最普遍的建筑形式理念。其基本理念就是简洁。有些形式及其组合看起来和谐愉悦，另一些则不成比例、不稳定且令人懊恼。只有当房间、窗户、门以及建筑中所有要素服从于一定的比率且与其他的比率发生联动时，建筑的协调性才会产生，这是一个惯常的信念。

或许有人心存疑惑，这种理性的比例系统是否的确会产生眼睛和心智自觉的观察和理解的效果。接下来的段落引用苏姆逊关于比例的实事求是的态度。他将所有争论化解为共同的意念和理念："人眼和心智能在多大程度上明了这种理性系统所产生的效果，对此，我非常怀疑。我有这样的感觉，那就是这种系统的关键显然就在于其使用者（通常指其始作者）需要这种系统：有各种非常丰富的富有创意的构想，它需要这种系统强有力的约束去较正这种构想，同时也激发创意。"（苏姆逊，1963）。

城市总是要被体验乃至欣赏的。除了远距离的轮廓外，美化与装饰最好是在贴近的区域内去欣赏。然而，城市并不仅仅是被观察的人工构筑，视觉只是其中一部分。城市不仅是一种视觉经验，而且需要通过全部的感观去体验。声音、气味和质感也很重要，如喷泉的酷声或远处宏亮的铃声、大蒜的气味、Parisienne街上的热巧克力和雪茄、阳光照耀下人行道上升腾的热量或是深远巷道内清凉的阴影。获得这种体验的媒介就是脚步。由步距测得距离。因此，行人是付与城市以比例的模度。步距的节奏受到地面图案的调节，人行道的装饰方式暗示了步行节奏加快、减慢，或趋于某种常规。

平衡与对称

曾经被用来分析"好的"建筑设计的概念还包括对称、平衡、韵律和轮廓等。这些概念与前面已讨论过的那些概念彼此交织，相互加强，其中的每一个并不是也不可能独立存在。当用于描述某人时，英语中常用的两个语汇"a sense of proportion"和"balanced outlook"，表示此人面目和善而且能够与人和谐相处。同样，如果一幢建筑具有平衡感，那么就会取得良好的视觉和谐效果，其各个部位呈现出恰当的布局。

一对天平盘通常用来类比设计中的平衡。就天平而言，重力作用规定了同等重量必须距支点等距放置才能平衡。这种物质平衡律的理念被引入视觉领域，对于建筑学中的结构与视觉两者都很重要。一个明显的不平衡看起来令人不安，头重脚轻、一边高一边低甚至现出醉意。现代意义上的对称意味着正式的轴线建筑

图1.5 圣弗朗西斯科教堂，阿西西

的平衡。无论是苍蝇、飞鸟、哺乳类动物、人类还是飞机或轮船，都会使定向运动的身体取对称的形式以保持运动的轴线。建筑以及其他人造结构中的对称布局应用了来自自然界的运动类比。当观众沿着中轴线移动时，对称的建筑、构图尽显美感。严谨的对称装饰通常也最好是沿中轴线观察。

所谓非对称是指无轴线构成的不规则平衡，这正与人体侧面图形相吻合。与静态的正面对称相比，侧形具有更为复杂的平衡构成。简单地说，靠近支点的一部分重量将由距支点更远的一部分较轻的重量来平衡。同样，建筑体形的意识重量也能够获得复杂的平衡（图1.5）。无须去限制组成一个有机构图的要素数量。这种有机的构图使其要素以平衡点或是一个控制性的视觉焦点为核心得到恰当的安排，首先吸引人视线的正是这一点，并且在观察了构图的基本部分后视线仍将回到这一点。对称平衡的装饰图式通常与古典设计相维系，而非对称平衡则多见于中世纪或哥特式构图。当然，这是一个过于简单的陈述，例如，手法主义（Mannerism）和巴洛克构图在运用许多古典装饰风格细部的同时，也获取了与中世纪工匠、雕塑家和装饰家的工作更紧密相联的动态构图。

韵 律

韵律感可谓根植于人类的天性之中。黑暗中倾听时钟滴答声的儿童，神奇地将这种声响变成有韵律感的节拍，这是由心智产生的范式。伟大的舞蹈家任由经验驱使，随着音乐有节律地运动，音乐控制着运动，同时也受这种运动的控制。非洲的仪典舞蹈充满着动能劲律，飞旋的僧人舞使参与者水准超常。建筑中的韵律具有类似的性质，它可以由理性分析来解释，但它的刺激性及其诗意的效果却超越了人的思想。最终，建筑和城市设计中的韵律是经验性的。

建筑中的韵律是要素组合的效果，或强调或间隔，或是方向性。它是通过组成构图的元素之间的连接而产生的动感，正如苏姆逊（1963）的阐述：一个独处的柱子仅仅是平面上的一个点，至多是平面上的一个很小的圆圈，它只给你一个柱式的模度，而没有更多的东西。但是两根柱子就立即给了你一个柱间、一个韵律，借助于模度，你便可以开始阅读建筑。

对　比

协调或秩序胜于混乱，这是建筑学和城市设计获得美学成功的条件。然而，好的设计应当避免单调，它应具有兴趣点和重点。生活中的一些欢愉常来自对自然中对比的发现。在建筑中，许多愉悦亦来自类似的对比，在锡耶纳，从那些构成城市肌理的阴暗街道进入明亮的市政广场露天剧场之中，会产生一种刺激性的城市体验。广场钟塔的垂直高度与水平体量构成的对比令来访者顿感兴奋（图1.6）。如果排除这样的对比，我们的生活就会失去许多张力和动感。一般而言，对比必须适度控制以避免知觉负荷过重。建筑中复杂与松弛的适度比例乃是秩序的关键。同样的原理运用于城市装饰领域，正如史密斯(1987) 指出的："美学的成功以秩序的建立为前提，但必须由充分的丰富性来体现。"

图1.6　坎波广场市政宫，锡耶纳（Siena）

在建筑、城市设计和装饰中，对比运用的领域几乎是无限的。有形式的或非形式的对比，如建筑与空间的对比、街道与广场的对比、软质与硬质景观的对比，或是色彩与质感的对比。在建筑中可以有形式对比，如球体与立方体的对比、穹顶与尖顶的对比。在装饰细部中有线的对比、物体轮廓的对比、方向的对比、垂直与水平的对比，或是色彩对比和质感对比。无论运用哪种对比，形成的建筑或城镇景观的主体都应具有和谐的效果。设计者面临的困难在于寻找正确的对比度，过度对比只能导致混乱。如果单一地强调要素对比的程度，那么它们会彼此竞争而不是表现出彼此的衬托。正如设计中的其他问题一样，在和谐的装饰构图中，正确的对比度计算主要依赖意愿和感觉。然而经验法则告诉我们，有必要为适宜秩序中的对比寻找到明确的依据。过度的对比会导致无序及清晰性的缺损。

小　结

上面讨论的这些概念已经被用于也确实能够用于城市形式的美学质量分析之中。它们不是，也不打算是精确的质量标准。有些人也许会说这些标准是不恰当的，但无论怎样，它们提供了关于城市中运用美化与装饰的一个讨论基础。

图1.7 雅典娜神庙，雅典

美化与装饰的气候背景

观察装饰的背景条件对于鉴赏而言是很重要的；气候条件的确能影响装饰的形式。希腊清彻明亮的天空激发了希腊古典建筑雕凿明快的外形轮廓的发展，在充足光照的条件下，你能观察并欣赏到最精巧的造型以及最复杂的线脚（图1.7）。花岗石材料保证了这种作业的完美实现。哥特教堂的彩色玻璃使每一束珍贵的阳光带着色彩洒入建筑，与灰色的室外构成对比。许多中世纪北欧城市中不规则的、雕凿明晰的屋顶轮廓，构成了对比于灰暗或潮湿天空的戏剧化效果。在这种条件下，轮廓清晰的夸张表达是必要的。以源于古希腊的精巧轮廓组成的建筑屋顶景观，若是出现于北欧长长冬季的光线下，则会显得枯燥无味、缺乏视觉吸引力。尽管气候条件本身并不能为建筑装饰风格的形成提供充分的解答，但是，气候尤其是光的条件，的确是城市装饰研究中一个特别的因素。

知 觉

人总是使其行为与其意义、价值和目的相联系。我们有着各自的知觉世界，这是在特定的社会组织中发展起来的，我们属于这种社群并且与社群中的成员在一定程度上共享某种知觉结构。领养老金的人、年轻的父母和商人，各自以其自己的方式去观察和理解并对其环境所呈现的暗示作出反应。城市设计师所感兴趣的正是那些被群体所共同分享或保持的那部分知觉世界。

居住于城镇中的社区是由不同群体组成的复杂群体，各自以不同的精神和价值观构成不同的亚文化。要理解一个陌生的文化或亚文化是相当困难的。人们总是以自身的文化架构去理解周围的世界，同时受到个人参照框架的修正。这种分析架构深深地嵌入文化之中，在为组织化思维所必需时，它也在这种进程中制约理解行为。文化可以视为作用于外部环境与接受者之间的一个过滤器。

“知觉世界”或许不同，但知觉的过程和参照框架的明确表达却是共同的。影响视、听、触、味、嗅等感觉的刺激触媒，仅仅是环境所释放能量的一部分。我们获取信息的感觉能力是有限定的。例如，噪声（在频率上过高或过低）是越出听觉“门槛”的声音。但是，这些“门槛”却可以随着经验而改变，我们在图书馆中排斥背景噪声以便能投入工作，却不留意时钟的滴答声。我们的知觉并非简单地对能量作出反应，而是对能量级的变化作出反应。一旦刺激触媒变得熟悉或是没有威胁性，也就不再被感知。在视觉方面，我们可以变得对刺激触媒不甚负荷，在这种情形下，当编辑或知觉选择性发挥作用时，感觉已难以应付，不需要的信息就会被滤出。在这种情形下，作为一个通常的规则，对刺激触媒的关注程度往往是：

大胜于小
明亮胜于晦暗
喧闹胜于安静
强胜于弱
突显于环境的胜于隐入环境之中的
动态的胜于静止的
重复的（并非反复性的）胜于惟一的

[布加那（Buchanan）和霍克辛斯基（Huczynski），1985]

广告、橱窗展示和路牌的设计者，运用这种知识以吸引并保持人们的注意力。这些知识对于考虑美化与装饰的城市设计师而言是很重要的。

一般而言，大与小、明亮与晦暗相比会更具吸引力，然而，这种做法则也常常被突破，因为这些特征或品质并非出自于其自身。一个设定的刺激触媒会有其特征模式，正是这个模式为我们的知觉能力所反应。感知这些模式的方式也取决于特定的文脉。一枚宝石的布置对于完美地欣赏这个宝石很重要。同样，一件精美雕塑的布置也会影响到人们感知它的方式。如果设置于形状、色彩和质地都很混乱的背景中，即便是最伟大的雕塑或喷泉也会被吞没。相反，一个富有魅力的场所则会增加这个作品的重要性和标志性。

我们的大部分知觉可以被描述分类。知觉的分类系统是复杂的。物体可以被分为房屋、小汽车等。但那些分类被进一步限定，如建筑物可以以多种不同的方式进一步组织化和结构化，诸如通

图1.8 接近性原理
图1.9 类似性原理

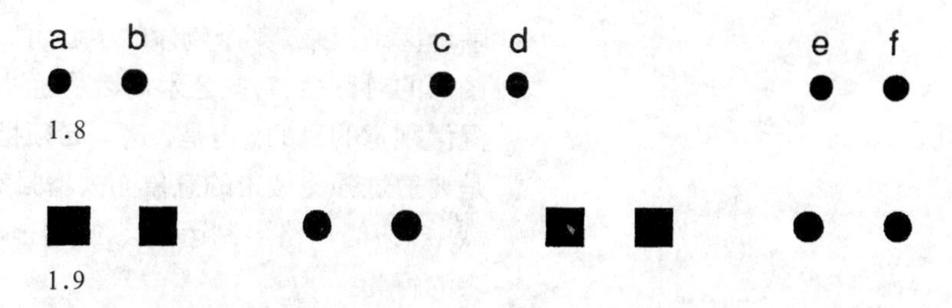

过高度、使用方式或是风格。这些类型或类别被称为概念。借助于每个概念所形成的心智意象，就可以去识别同类对象并使之纳入个体的知觉世界之中。正是这种城市的意象有益于城市设计的研究。这篇文章特别关注于通过美化与装饰来强调那种意象。

人眼视网膜把光接收到一个二维表面上，但我们并不是只简单地看到了光与色的交织。对于视力正常者而言，我们所见的世界是三维的。进入眼睛的触媒系统以有意义的方式被组织化和模式化。知觉组织通过许多运行法则来运作。例如，眼睛趋向于以相互接近来使视觉触媒分类或组织化。这被称作接近原理（图1.8）。眼睛也趋向于以相互类似来使视觉触媒分类或组织化，这被称作类似原理（图1.9）。正是这种趋向形成了装饰艺术中出现如此明显韵律的基础。

已经进行过许多调查成人的知觉进程的实验。人们发现，观察者首先会察觉出突显且区别一般视域背景的某个对象整体。接着该对象开始呈现其形象，首先是其轮廓线被认读，其次是主要的内部特征，再次是色彩和明度。接下来开始分类和认定。任何形状总是以最大限度的简洁、规则和对称被感知。这是一个普遍的趋向。如果某观察者被示以一个几乎是圆形但稍稍有些椭圆的形状，观察者会把它分类为圆形。如果被示以一个轻度对称的形状，那么对称性的缺陷会被忽视，而且这个形状在意会中被简化[科夫卡（Koffka），1935]。视觉触媒的图形如果有缺损或意义暧昧就会被以付与其意义的方式得到填充。这被称作“表决原理”（closure principle）。就是说我们会“结束”这种不完整的和暧昧的信息以使其便于理解且有效。

知觉形式并不完全由视域中物体的真实物形来决定。而是有一种修正被感知物体的形式质量的趋向，尤其当接受的信息缺乏意义的时候，这种修正也就是要包含那些不呈现任何其他性质的形式。这样的缺形之形（Shapeless shapes）总是会尽可能地作为“好形式”而被知觉，“好”形式具有刺激性，易于感知和记忆。在形式术语中，“好”的品质意味着简洁、规则、对称且具有连续性[弗农（Vernon），1962]。运用装饰去强化某物体的轮廓线，从而强化设计中的初始形状，进而使其形式与普通的背景清晰地区别出来。某个物体的中心可以通过装饰得到强调，以增强图形的对称性。有些艺术显然是通过打散或缺省形式达到模糊和混淆视觉的目的。但是，这里必须指出：城市设计的主要意图正是要通过强化城市的意象而去增强对环境的理解，在城市设计领域中，应当严格限制运用装饰或任何其他技术去迷惑、干扰观察者的行为。

感知的过程即是选择刺激触媒并把它们组织成有意义的图式。这个过程受到学习动机和个性等内在因素的影响。这些内在因素导致人体对刺激触媒的反应具有选择性。对一系列刺激触媒的反应架构被称为知觉装置（布加那和霍克辛斯基，1985）。每个个体都有自己的知觉装置，借助于这种知觉装置，个体得到各自对环境诸物独特的洞察力。在一定程度上，我们都具有自身的知觉世界。观察同样的事物，不同的人可以以不同的方式去感知它。试图争辩出最好的知觉解释将是徒劳的。尽管如此，社会某些组群仍然拥有共同的知觉装置特征，城市设计师试图去理解的而且在计划装饰城市所强调的，正是那些共享的知觉特征。

意义与内容

若要期望获得装饰的美学质量，我们就必须超越其视觉表象并探寻城市美化与装饰的意义和内容，以获得完整的鉴赏。装饰的固有意义在于能够代表场所的表现或是占有那个场所的社群的表现。除符号意义外，装饰还可以输入信息并增强其可读性。

城市装饰能起到符号集合的作用，这种符号集合代表着一个城镇且为其居民所认同。有个著名的例子，即一年一度的“黑潭灯会”(the Blackpool lights)。看“黑潭灯会”对于来自邻里中心的青年或老人来说都是极重要的。黑潭几乎已经变成“灯会”的同义词。这种临时性装饰往往会遵循德比郡(Derbyshire)乡村一些小村庄每年一度的修饰传统。在切斯特一带则是更为一贯的城市装饰和典型场所，在那里可以看到复杂的半木架黑白图纹。

在切斯特一带复杂的半木架黑白图纹中、在帕里西奈地铁站的新艺术风格的街道陈设中、沿威尼斯城市运河两侧站立的奇特建筑中，或是在巴斯镇优雅的18世纪街道上的古典细部中，都可以看到更为一贯的城市装饰的典型场所（图1.10和图1.11)。因此，装饰能够表征场所，并且使这些场所彼此区分：“它说明一个群组共享某地某时，相互依赖且以极密切的方式运作。”[阿托(Attoe)，1981]装饰的这种方式作用于地方的风情，在林奇看来，这强化了其纪念性。

装饰可以被视作文化进程和社会价值的反映或标志，以此彰显出社会的意义。城市装饰揭示了城市是如何运作的，是什么力量左右了当地的生活以及什么是这里居民显在的价值观。因此，

图 1.10　哥特风格的细部，威尼斯
图 1.11　乔治亚风格的细部，威尼斯

1.10

装饰既是一种社会符号，又是社会结构的象征。例如，城市的装饰性天际线不仅代表着占据城市的社会符号，而且还能够提供关于其组织和权力结构的信息或线索。由此，装饰可以成为代表社会生活和价值观的社会标志。作为这个标志的整体，还存在着代表权力尺度或社区内强弱顺序的价值梯级。在某些情形下，城市的装饰能够宣告权力之战的休止。一个纤细却富于装饰的中世纪教堂尖塔可以与权力相抗衡，这种地方权力往往由坚实的城堡或旗帜招展、甲胄炫示的宫殿来象征。从另一层面来看，装饰的另

1.11

一个重要作用就是为人们提供以更即时或即兴的个性状态来表现自己的机会，比如，以灌木修剪或是不同品质的花园陈设来表达家园个性（图6.35）。

除了符号意义外，装饰也有其实用意义——有助于建立方位感。例如，装饰天际线帮助人们知道其身处何处，以及如何到达其想到达的地点，这种天际线标志着城市中的各个区位，因此它具有地标的意义。其他的城市装饰要素也具有这种实用目的：起着地标作用的着重装饰的街角，为指示步行方向而设置密度不断加大且复杂的铺地图像，或者是为了标示入口位置而在立面上某处集中进行装饰。以上这些以及其他一些装饰实例，都带着对于城市公共空间中各种充分且有效的运动来说十分必要的信息。

凯文·林奇的《城市的意象》（1960）是有关城市内方位感问题的经典之作。美化的一个重要目的，甚至可能是主要目的，就在于通过赋予城市公共区域以特征和结构的方式使得某个城市更具记忆性。美化与装饰能够强化林奇城市意象五要素中的任一个要素。人们关于城市心智意象中的这些主要因素若能得到装饰，则可以促进和强化这个城市的意象。城市的意象或者说是意识中携带的心智地图就是人们于其中"获得、规约、贮存、回忆和解译有关其空间环境信息的方式，这些信息即是与位置、距离、方向和整体结构相联的要素。"（林奇，1960）。此处强调的是：强化市民和来访者关于城市的意象乃是美化与装饰的首要目的。

美化与装饰的功能

若要合理地运用美化与装饰，就要从理解其使用或功能所在开始，无论是建筑方面，铺地图案，还是以喷泉、树木和雕塑美化市民空间。作者在有关美化的分析中并不采用很崇高的道义格调，但却依然十分赞同阿尔伯蒂在这个问题上的观点，尤其是他不喜欢"所有对象都极尽奢华和丰富，并陶醉于那些主要来自于设计的奇巧和美丽的装饰"（阿尔伯蒂，1955）。尽管皮金在19世纪的"风格之战"中立场不明，但他关于设计的两大原则对20世纪的设计师却依然有益："首先，如果建筑从方便、合理或构造等方面来说不是必要的话，就肯定没有特点；其次，所有装饰都应丰富建筑中的精华部分……在纯建筑中，即使最小的细节也应有一定的意义或服务于一定目的"（皮金，1841）。正是通过对城市美化的意义、目的和功能的分析，才能建立起城市设计在这些重要方面的准则。

如果装饰适宜于功能，就可以从城市的美化与装饰中获得最大的愉悦。美化与装饰并非城市中或建筑上随意性的附加物，城市需要装饰就如同它需要交通网络、停车场或市中心一样。美化与装饰同其他所有设计因素一样，都要符合追求统一性的初衷。

正如亚历山大强调的（亚历山大，1987）：城市设计的目的就在于创造一系列形式适宜的整体“市镇的每个部分、邻里、建筑、花园或房间各自都具整体性，其意义有两个层次，每个部分自身是统一的，同时各部分也参与其他的统一体以便形成一个更大的整体。”亚历山大进一步为“整体”作了定义，他说：“只有当一个事物自身完整而且也加入其外部环境以形成一个更大的统一体时，这个事物才是完整的。但其前提是：两者之间界限是有厚度的、弹性的和交织的，乃至两者不能绝对地分离，但可既作为分离的统一体，又作为一个更大的整体而发挥作用，其间不应有任何细小的裂痕。”因此在城市设计中，美化与装饰可以使建筑、街道、广场和邻里相互联结为一体，在保持自身完整性的同时，又作为更大整体中的一部分而发挥作用。

装饰的一个辅助性功能就是缓和主要设计元素之间、街道与广场之间以及诸如地面与墙面等结构要素之间的转换过渡。它也用于环境建造过程中不同材料之间的转换。例如柱子与过梁之间的装饰性转换——多立克柱头是一个完整的模式，柱身的卷刹看起来好像是处于重压之下，充满了楣梁重荷之下的张力。柱帽的轮廓、帽盆（echinus）规定为一个精致的曲面，在

图1.12　圣母院，巴黎
图1.13　大教堂，锡耶纳

1.12

1.13

1.14

1.15

1.16

图1.14　香榭丽舍大道一端的蒂伊勒里公园

图1.15　摄政大街的立面装饰，诺丁汉

图1.16　不施装饰的背立面，诺丁汉

两个结构要素之间完美地过渡。突显入口的哥特教堂西立面的一系列线角叠制的拱券，重复着门的形状以便打开围合的墙体：非常漂亮的美化装置使墙和门的建筑要素结合成一个统一的整体（图1.12）。在更大的尺度范围里，街道的垂直墙体高起的基脚与地平面相接，当然也可能是带图纹的板材铺设和高起的路缘石，或是以一系列平行线的重复来完成车道和垂直面之间的和缓转换。剑桥学院的庭院是出自功能必要性的一个边缘装饰实例，其步行道边缘被饰以花草或圆石，材质之间的转换令人舒适。

美化的重要作用之一就是重点突出一个建筑中最重要的部分、最重要的建筑或最重要的市民空间。以这种方式得到强调的元素被付与更为明显的常常是富有象征意义的重要性。中世纪早期文艺复兴城市的教堂是装饰艺术家最为关注的。正是在这里投入了最多的时间、精力和财力。这些城市中的主要市政建筑也很重要，但却不能与主宰着社区生活的教堂相提并论。例如锡耶纳壮丽恢宏的共和宫（Palazzo Publico）与有着丰富繁复装饰的大理石教堂相比，其地位的重要性尚居其次（图1.13）。外部地面的变化或用踏步造成的标高变化，常常用于表示领地的转变以明确其私密性，带有方向性的铺地装饰和三线并进的路径则强调出引导视线和脚步通向显要的建筑或场所之路径的重要性。通过它，来访者既可到达主要入口的小径或私人车道，也可来到通向凯旋门和无名战士墓地的香榭丽舍大道（图1.14）。

美化与装饰是昂贵的，因此它常常仅用于门框、窗套等重要部位。装饰只在建筑正面使用，其背部依然平淡（图1.15和图1.16）。城市中装饰的其他作用更直接与必须的功能相联系，比如提供遮阳、遮避、安全、舒适或资讯。其范围包括街道种植、连拱廊、座椅、灯具和指示牌。博洛尼亚优雅的连拱廊有着综合性的功能，既可避雨、遮阳、引导行人接近商店的橱窗，同时也是一种街道

1.17

1.18

图1.17 连拱廊的优雅装饰，博洛尼亚

图1.18 伯林顿拱廊市场入口，伦敦

装饰（图1.17)。列柱所形成的整齐感和韵律感由于穹窿的装饰及柱式和拱券的细部而更显丰富。色彩和图案的运用使环境得以丰富，而且可使购物或逛街更为愉快。许多英国城市，尤其是伦敦维多利亚式的商业拱廊提供了装饰化商业区的范例，这里有着安全、令人愉悦的购物环境，其间随处可见装饰性的石作和铸铁饰物(图1.18和图1.19)。

城市设计师分析城市美化问题时涉及的设计元素，包括地平面、街道与广场的围合墙体以及置于其中的三维物体。分析这些元素时，有些问题尤为重要，比如地面与墙面的接合、屋顶轮廓线、街角、铺地标高的变化、领地划分以及墙体上的开口等。在为步行者设计的城区中，地面尤为重要，因为这是这个环境中视觉最为敏感的部分。业余摄影者经常拍摄的宽大、枯燥且缺乏修饰性前景的照片，正是呈现在视网膜上的意象。如同沿街立面一样，地面铺设应当善加处理以提升街景的品质。许多连续性街道的铺地与街立面共同限定出外部空间，把它们装饰起来就能够令使用者体会到快乐（图1.20)。对一个装饰完善的城市来讲，随着视线从地平线移向立面进而仰视天际线，装饰应当随之明显变化。例如，底层是较小的窗户和精细的装饰细部，立面越接近高处就越应有更轻更大的开口，然后以清晰的屋顶轮廓来完成整个构图。或者与之相反，底层使用较大的窗户，立面越向上则用更小的窗户，最后以一个简洁的飞檐或屋顶栏杆收尾。在街角合合的立面，其接合处时常需要更为用心地装饰处理。如此形成的街角接合是城市中方位判断的重要标志。

1.19

装饰的权力与财富背景

装饰的量与质常常与财富和权力相关联。无论是建筑方面的美化、地面铺装的细部，还是添置公园设施，捐赠雕塑或喷泉，城市中美化与装饰的运用都可以被视作权力和生存状况的展现。在过去的那些年代里，当社会或是社会中某个组群以道义和苦行的理由反对装饰时，装饰稀少而简朴的城镇景观，正是能够将其苦行的意愿强加于社区大部分人群的那个组织的权力象征。

图1.19 伯林顿拱廊市场内部，伦敦

图1.20 铺地和立面的统一性，图尔

1.20

由于这种原因，我们必须根据其时下社会、经济和政治的条件来检视城市装饰。某些时期，建筑和城市设计的遗产正可充作某些全能的权威着意运作权力的证词，不过，这种权威如今已有衰落。也许并没有不可挑战的权力，例如在许多城市，专制的与商业的权力之间便有冲突：前者要壮丽，后者要商机。例如，雷恩（Wren）的伦敦大规划最终遭到商人的反对，他们要尽快地重建城市并回归其商务之中。与此相类似，约翰·纳什（John Nash）实际上是名声更甚的19世纪中叶铁路公司的先驱，而他也只有通过移置穷人（他没有能力移置富人）才能够实施其计划。19世纪中叶，奥斯曼推倒了中世纪巴黎的遗存，其态度是：那些陋巷无关紧要，而公民与国家的利益比当地社区更为重要。在梅·卡姆勃(Mein Kampf，1971)关于20世纪的记录中，阿道夫·希特勒曾惋惜德国纪念性建筑传统的消失，1929年，他允诺在其政党获得权力后“除了我们新的意识形态和诉诸权力的权力政治倾向外，我们还将创造石头的史诗”。毫不奇怪，纳粹将纪念性运用于建筑给他们带来了更多的耻辱，并使建筑界的纪念性概念蒙羞。

除了已经限制或制约装饰的不断变化的技术、政治和经济背景外，在意识形态上亦已存在，且在某种程度上还将继续存在对拓展城市纪念性的阻碍。对纪念性的憎恶同时也伴随着对城市美化与装饰的反感。正统现代建筑运动的这种态度与传统装饰表现的性质毫无关系，而是要满足于20世纪初政治社会议程的思辨观点及其内隐的、国际的、社会主义的和主张人人平等的观点。现代主义者已经把美化（尤其是其运作）视作社会中政治的和社会的体现。现代运动所遭遇的问题是纪念物和纪念性固有的象征性和合理性，而美化与装饰也同样如此。问题在于谁具有装饰城市的“权力”？个体？专制的统治者？专横的土地拥有者？政府还是开发商？反过来讲，许多残存的纪念建筑，不管过去开发的理由、起源和好处是什么，这种建设对当今公平的社会仍有其价值。齐奥塞斯库在布加勒斯特的凯旋式建筑将被后代欣赏多久？这的确难以预料。

一些现代主义的修正者和后现代主义某些思想的倡导者所持的相反的观点认为：纪念性显然是由那种只根据其自身的建筑史知识来翻译城市的物质形态的建筑师所创造的。某位反对现代主义的后现代批评家，试图使建筑形式的纪念性概念摆脱其政治和经济因素，以使在当今分裂且多元的社会中重塑纪念性表达的传统方式（克列尔，1983）。然而，有人会说，如果纪念性与其根本的内因分离开来，那至多也只是一种昂贵的仿造作品。罗勃特·克列尔善于表达后现代对纪念性的这种重构姿态。对克列尔而言，纪念性就是人类财富和文明的一个必然事实而已。由于他们的存在，城市建筑对公众的城市知觉具有了某些意义：

> 建筑即是占据某个地方，建筑即是设置标志。当我们在空旷的乡村途经一座塔时，它为我们指引方向。灯塔、烟囱、教堂尖塔、城门、雕堡等都是耸然向上的原型符号。塔象征着人的成就和尘世诸事的胜利。每一座塔当其从环境中升起时，无疑都有其纪念的特性。一座纪念物首先是也主要是权力的记号。只有实力强大的君主才能有财力通过建筑的彰显而凌驾于其臣民之上。尽管他不可能永生，然而，其纪念物的生命却远胜于他，并且为后人作为文化的见证而称颂。没有“权力的象征”，也就没有建筑这回事，我们会居住在一片荒芜的旷野之中（克列尔，1983）。

最为重要的因素也许是这些符号系统的体与量，新近落成之时效果最为鲜明，随着时间的推移，诸物趋于相近，它也相对显出温和之态，变得仅仅是一座人工构筑而已。反对者或后现代主义者也许认为这些符号系统可以从纪念物中分离出来，而纪念物也仅仅就是一个物质性的构筑而已。然而，一旦纪念物失去实际的意义，环境也就变得枯燥无味。其物质性效果也许是真实的，但其功能表现都是不诚实的、做作的和虚幻的。换言之，仅有外在的冲击力还不够，真实性依然必要。

既然建筑必然是文化的，并且进而是社会及其社会环境的体现，那么就有了这样的问题：当今什么类型的建筑可以成为纪念物？纪念碑应该为谁或为什么样的行为而立呢？纪念物切实的作用乃是作为宗教的、文化的或社会的意义和精神，比如为民众的领袖和为了和平、正义、自由和民主等人文精神而献身的人们去塑像。如果纪念物被当作毫无节制的经济的、政治的和政府权力的合法化或某种公共符号而建立的话，那么这种纪念物在崇尚民主的国度里就是不妥当的、危险的甚至是非法的。

“我们生活于一个多元化的社会”，这种油滑之调常常成为那些选择无度的人们的借口，他们能够过得很自在，却要限制那些已被剥夺选择的人们。当代的西方社会的确是多元的，但是设计者对于城市美化与装饰取何种态度呢？这意味着细致地考虑到少数群体和弱势群体的需求。在如今的设计之中正容纳许多工作以避免各种可能的问题，如在那些男性对女性常常抱有攻击倾向的地方保障妇女的安全，为儿童提供其自我表现和嬉戏的安全场所。特殊质地的铺地可以提示盲人或视弱者，为残疾者而设的坡道和对少数群体很重要的设施为城市设计师提供了为了方便使用而添色于环境的机会。城市环境有其美学高度，而设计者亦应该对触觉、听觉和味觉善加考虑。城市装饰创造亮丽的环境景观，同时还不应遗忘对新区中弱势成员所应负的职责。

建筑和城市设计中几乎为时尚兴致所左右的一个问题，就是美化的形式、内容和配置。有时果真如此，后现代时期的多元主义已经见证了各种建筑风格的勃发，这些风格各有其热情的追随者。如今，多种风格可以并存于一时一地，也可以稍纵即逝。显然，时下的多元风格会延续一些时间。城市设计的准则也许的确是整合那些分裂的并且时常相互矛盾的建筑风格的因素。在决定风格的取舍和处理新开发项目的装饰时，首先应将文脉因素视作设计判断的标准，或许如此，才会产生结构有序的城市形式。因此，明智之举应当是把城市美化与装饰的研究置于其历史文脉之中，从中获得的知识便可用于与特定的城镇景观相维系的细部以及街道陈设的谨慎思量和选择，所谓风格必然是包容某些特质，也排斥其他特质，这乃是风格的本质。没有界定，也就无所谓风格。没有风格，那么就仅剩下飞逝的时尚了。

本书的许多内容都是以过去的城市装饰艺术经验为分析基础的。作者尽可能地使用历史案例以得到普遍的原理。出于本书的目的，它已不包含对城市个案详细的历史分析。剖析其历史沉积，尽力理解其发展中的社会、经济和政治进程，正是这种进程构成了一个独特的城市形态的解释，而某个场地计划的确切陈述对于建构城市设计的普遍原理基础并不能产生多少有效的信息。"剖析历史沉积"对于任何切入城市结构的具体计划而言都是一个极其关键的步骤，这是设计方法中一个基本部分，但其重要性仅对设计程序而言，而并不是针对普遍的建设原理。该项研究旨在探寻应当在城市中的何处使用装饰，为何使用装饰以及如何使用装饰这些广泛问题的解答。这些问题的答案，如果确实能成为答案的话，就必须是从更宽阔的视野中去发现。

林奇的意象概念可以通过美化与装饰的明智运用得到强化，而城市美化与装饰研究的主要目的，就是要展现这些强化城市意象的方法。在建立美化与装饰的理念时，历史遗存自身并不能审度在过去的年代里城市居民以林奇的概念去感知城市的可能性。这是一个并非由证据得出的问题。在这些研究中，过去建设中形成的节点、路径和标志是从20世纪后期的视野中建立的，而且是旨在为将来准备可能的且强有力的设计方法。

这项有关装饰处理的研究将集中于城市中全步行化或步行占环境主导地位的区段中。步行者对于环境的意象与汽车中的人大不相同。在疾驶的汽车中，人们从其周围环境中只能得到即触即逝的图景。对高速公路的广阔景观或其复杂的几何关系的研究，是另一个结果迥然不同的工作。在这里，我特别强调如何使那些轻松徒步且有时间伫立凝视的人得到视觉的愉悦和兴奋，美化与装饰对于这样的观察者而言具有更重要的意义。

本书共分九章。这一章已经概要地叙述了有关装饰的主要哲理和取向，包括装饰的自然变量、意义、内容和功能及其社会、经济和政治架构。第二章提出了研究处于路径和节点中的外墙表面装饰运用的理性方法，并引导出从功能和象征的必要性中推出建筑立面装饰的途径。第三章分析了路径和节点中的转角类型，以及用于强调街道与广场中阳角转接和阴角转接的各种装饰方法。第四章讨论城市天际轮廓及其装饰效果，并分析同时作为地段标志和城市标志的天际线和屋顶景观。第五章剖析路径和节点的铺地设计，强调了由铺装材料的变化得来的装饰图案的内在原因。本章最后讨论了地面标高的变化和软质景观。第六章以"地标、雕塑和陈设"为题，讨论城市中三维物体的设计和布置。这一章涵盖了诸如重要建筑物或市政纪念物和区段地标等主要标志物，这些标志物既可以是出于美化的目的，也可能是实用性的。第七章首先概要阐述了色彩理论，其后讨论了这一理论与城镇景观的关系。第八章是总结性的内容，题为"城市的今天与明天：美化与装饰"，现代城市与后现代城市形成对比。为了把前面几章中讨论的理念整合起来，作者简要剖析了一些城市装饰的案例，并特别展示了美化与装饰如何能用于强化由林奇提出的城市形态的五个要素，以此能保障开发进程中的每一个新生对象都能通过对城市意象的强化而成为装饰和谐调城市的建设性计划。

本书的第二版以尾声的形式增加了第九章。这一章分析了尼日利亚豪萨城市中的装饰运用。它重点审视了装饰与建筑及城市结构之间的关系。尾声的目的在于调强本书的主要论点，并且简明扼要地阐述城市装饰的合理方法。尾声中故意引用了取自不同文化背景的素材，以便使这部分内容能相对独立，同时也支持了本书的主要论点。

第二章　立　　面

引　言

本章分析街道与广场立面的美化与装饰作用。立面分析将从形式、功能和象征性特征三个方面进行。为了便于讨论，立面被视为由水平方向划分的三个主要部分组成，它们分别是基座（台基或地面层）、中间部分（主要楼层）和屋顶（顶屋）。转角和屋脊线的处理将在第三章和第四章中讨论。本章集中讨论立面中的基座和主体部分，这两个部位常常是体现建筑格调的地方。

装饰的部位

建筑和城市装饰是一种手段，通过这种手段使观众得到各种不同的视觉体验，从而为其带来愉悦的感受。这种品质有时被称作“丰富”[参见本特里(Bentley)等人的著作，1985]，但用“富有表现力（articulation)”一词或许是更为准确。立面是非常重要的元素，它能给观众以不同的视觉体验。在景观布局中转移人们注意的焦点，或者改变观察位置，从而欣赏到全新的景色或构图，由此，人们便可以从城市环境的固有内容中选择不同的视觉体验。

视觉单调是第二次世界大战后许多城市环境的共同特点。近来，公众对已建成环境的态度有了转变，他们呼吁城市环境应当更富装饰性。设计行业经常照搬过去的风格以期满足对装饰的要求。尽管对许多城市设计理念来说，历史是一种资源，但缺乏思考地照搬却只能导致笨拙的仿制品。因此，从昔日伟大作品中搜寻评判城市装饰的原则就显得尤为重要。

视觉的丰富性依靠对比而产生，如窗与墙等要素的对比，或是建筑材料、色彩、色调和质感的对比，或是凹凸强烈的表面上光影的对比。丰富的视觉效果还取决于观众视野中元素的数量。太少的元素虽然对比强烈，但可提供选择的观赏对象少了。这样的构图难免不太耐看。如果一个立面包含了太多相同的视觉元素，当其结合在一起并被当作同一个对象来理解时，同样会使观众生厌。若要引起充分的视觉刺激，那么至少要有五种不同的元素以供视觉选择。而如果一个构图包含九种以上的元素，也会削弱其丰富性。因此，从任意给定的距离上若能看到五至九个元

2.2

2.1

图 2.1　圆形广场，巴斯
图 2.2　斗兽场，罗马

素，就会形成一个足够丰富的立面（本特里等，1985）。

古典装饰方法，就其最纯粹的形式来说，乃是建立在“建筑柱式”基础之上的。建筑立面由柱式的主要元素作纵横向划分：檐部用圆柱或壁柱。不同的楼层通过不同柱式的运用得到区分和强调，罗马斗兽场的外立面和约翰·伍德（John Wood）设计的巴斯圆形广场正是这种方法的典型实例（图 2.1 和图 2.2）。19 世纪和 20 世纪初期以来的许多优秀建筑，尽管在其门窗及其装饰构件中运用古典细部，但并不完全恪守建筑柱式的范本。欧洲中世纪时期一些非正统装饰处理，依靠那种包容甚广的丰富细部来达到效果。在其更为正统的形式中，装饰样式则严格遵循结构的约束。教堂正厅的内墙完整地表达了这个概念。正厅的连续拱券支撑着上部的尖拱或暗层，而尖拱部分正是使正厅侧廊上部屋顶空间借得光线的所在。尖拱之上是带有侧窗的高墙，它是正厅的主要光源。叠置的连拱券被大量的束柱划分为各个间格，束柱由地面伸上顶部并在此分化为支撑厚重屋顶的形态优雅的拱券，而装饰则强调出这一结构模式中的各个元素。类似分析也同样运用于哥特大教堂的外立面。然而，从 19 世纪和 20 世纪初期起，许多精美的建筑以一种怪诞的方式将中世纪的细部运用于门窗，而并不严格恪守与哥特建筑相维系的结构规律。古典的或是非正统的，这两种装饰的传统都是 20 世纪后城市设计师与生俱来的。近年来对美化与装饰的批判，需要重新评价这些更为古老和深刻的传统，以期为当代的设计者建立起一种方法论。

一幢建筑可以看做是由三个主要部分组成的：首先是连接建筑与地面（或铺地）的基座；其二是成排的窗户所在的中部，它或许为建筑定下主要的格调；其三则是屋顶部分，它通过轮廓线使建筑与天空相衔接。建筑的这三大部分或部位对于古典的和非

图 2.3　弧形大楼，巴斯

正统构成的建筑来说都同样运用。相应于每一个部分的装饰运用程度取决于建筑与观众的相对位置、建筑的高度、体量及其最要紧的功能部位。在巴斯的圆弧形广场中，约翰·伍德这个年轻人非常清晰地表达了这三大元素。他将建筑的1－2层统一在一种秩序之中，通过这种方法，弧形立面的中部与具有门窗韵律感的基座部分之间及其与饰有栏杆和屋面天窗的顶部之间既相互协调统一，又能彼此分辨开来（图 2.3）。

对沿街立面中一个或数个主要部分的强化，为装饰性图案、色彩或立体装饰的介入提供了机会。这些元素可以通过简明的水平线角或是更为鲜明的处理方式加以强调。在后面的章节中将详细讨论屋脊线的处理。连接街面铺地与建筑的基座部分往往是立面中最易被人们注意到的地方（图2.4）。在住区街道上，正门和客厅窗户的细部处理常常引起最多的关注。在伦敦，一种典型的新古典住区街道通常都有白色或奶黄色的朴实的抹灰基座，其上支撑着立面的主体部分，它以清水砖饰面并在窗户周围以抹灰镶边。抹灰基座可以同地下室一起一直延伸到下沉的地面，并很精致地以装饰性黑铁构件来形成边界（图 2.5）。

在商业街中，地面层是最重要的装饰部位。商家的店面是与人们有着最为密切联系的立面元素。无论是炎热的南欧，还是潮湿多风的北欧，拱廊都是为购物者提供庇护的最有效且极富装饰效果的方式。拱廊也为由不同零售店组成的形形色色的街道景观带来一种连续的整合性元素。如果小心地沿拱廊设置保护桩，那么拱廊也利于阻止那些“暴徒”驾驶着盗来的汽车闯入商店橱窗，在此之前他至少得移开这些设置。

来去不定的零售商都希望临街设置醒目的标记，因此店面便成为商业街上一种持续变化的要素。店面由三个水平向要素组

2.4

2.5

图 2.4　佩鲁贾(Perugia)
图 2.5　清砖主立面、基部抹灰——典型的伦敦住宅

成：台座、橱窗以及用于宣传店家和商品的招牌。传统的店面设计总是基于其功能需要。橱窗因陈列商品而显得必要。20世纪六七十年代则有橱窗越来越大的趋势，以便能吸引乘汽车经过者的目光。随着城市及其中心区不断增强的步行化趋势，人们得以安闲漫步，于是，商店的橱窗重新变得小巧而亲切。

橱窗的下面往往会设有台座，它可以使店面免受宠物和脚踢之苦，也可以避免脏污地面上贱起的雨水。理想的台座应当是建筑物形式秩序的延续，由此使临街店面与建筑主体协调统一。许多现代商店门面已经忽视了这一要点，把橱窗一直落到地面。凹陷的入口地面所潜在的装饰机会也常常被忽视。此处的地面铺装既可以成为街道铺装材料的延续，也可以通过设计与商店单元相协调。橱窗上面的招牌记载着店主的名字或商家的事迹。在现代的大街上，这成为非议最多的元素，那些重复乏味的泛光照明招牌和连锁店，削弱了场所和地段的标识性，所有的大街趋于雷同。传统的招牌既不发光，也很少有反光设施，其自身就具有装饰性。店面的第四个元素——店门是个需要特别装饰的地方。橱窗周围的装饰不应分散人们对商品及其展示效果的注意力，不过，从19世纪延续至今的传统商店橱窗，对于旨在促销的商品展示倒是颇具装饰性（图 2.6）。这种模式对

图 2.6　装饰一新的维多利亚店面，约克

于诠释现代店面设计不无启发。现在有一种标准化的“满堂式”(house style) 店面，其用以炫耀所有权的招牌横跨几层楼面，与此相比，传统模式更具美学吸引力。

立面中部较为精美的表现要素往往由凹凸处理来构成。檐部、线脚和界定性的垂直边界处理等元素限定出这一部位。在这个部位内的表现要素，主要通过对窗套、壁龛的边界装饰或通过处理壁柱、阳台和楼梯间的方法而获得。通常情况下，美化的工作需要从主体背景墙面的材质中突显出对比性的色彩和材质。无论是何种材质、背景材质或是装饰性的材质，对于整个构图而言都是至关重要的。应当明确而不含糊地判断何者是主导性的色彩或材质。由于装饰是建设中费用最大的部分，因此相应范围内装饰的区域较小倒是更容易获得成功。

观众从什么距离、以什么角度、在什么时间内观察立面构图，这也是确定装饰部位时需考虑的重要因素 (本特里等，1985)。建筑装饰的首要部位就是各个阳角，当转角处于几个街道的交汇点时尤为如此。在以后的章节中将详细讨论建筑的阳角处理问题。然而，这里应当指出的是，由于街道上此一特殊部位使观众可以从不同的视角接触到建筑的角部，他们因而能够完整地欣赏到装饰的全部内容。位于“T”形交叉口上的围合墙面，也提供了展

2.8

2.7

图2.7 海市剧院构成圣·詹姆斯广场的对景，伦敦
图2.8 悬置的招牌，约克

示装饰的类似机会（图2.7）。视域终端往往可采用塔楼或是突出式壁柱的形式。

观众与建筑之间的距离越近，就越是有机会欣赏到细致的细部处理。而在近距离内看到空洞平泛的立面则是最为令人生厌的。对于距建筑约12米（40英尺）处仍能看见的那些建筑部位来说，6米（18英尺）以下的范围是最适于观赏的，因而这里也应是装饰细部最集中的部位。从12米视距的大致位置上看去，6米以上的立面部位看起来会更加费力。对于12米以上，或是仰角45度以上的部位而言，观众的头部就不得不仰起并且需要着力去体验。如果视距超出24米（80英尺），立面中更大的范围会被视为一个整体图形，但装饰必须更为突出以便能被看到，而且诸如窗户之类的元素应当形成视域范围内更具支配性的要素。古希腊建筑师和雕塑家十分通晓透视效应的化解之道，所谓透视效应也就是随着视距的增大，物体的视觉尺寸不断缩小的现象。对他们来说，增加位于最远视距的要素尺寸是普通采用的方法。如果他们试图强化人们的视觉感受，那么，对于那些三层以上的立面凸出要素和细部来说，就需要比地面层相应的细部更为抢眼。在狭窄的街道中，立面很少被完整地展现。大量悬出的线脚、凹凸明显的檐部、凸出墙面的壁柱、起伏不平的墙面肌理、悬挑的招牌、钟表及花池都是街面装饰的适宜形式（图2.8）。

街 道

公元1世纪，维特鲁威把那个时代的街景功能描述为戏剧背景（维特鲁威，1960）。对于欧洲的都市学者而言，景观的形态品质通常仍保持强劲的意象特征。按照维特鲁威的学说，景观可分为三种类型：悲剧式、喜剧式和讽刺式。每种街景都具有十分鲜明的装饰性效果。在悲剧式街景中，街道“由柱式、山花和雕像构成”。这是正统的古典街道。与此相对，喜剧式街景则是普通老百姓的家园，其装饰题材常常是阳台、连排窗和住所。1982年，塞利欧(serlio)曾经对在1537−1545年间出版的《建筑五书》中维特鲁威早先描写的街道景观进行了图解。由塞利欧描绘的喜剧性街景乃是对城镇住宅、塔楼、烟囱、阳台以及带有尖拱或圆拱的窗户等元素的一种随意性组合。这是一种混合风格，英国许多维多利亚式的街道尤为典型。维特鲁威所描述的讽刺式街道则是以“景园风格的树木、洞穴、山体及其他自然物景”进行修饰的式样。这一叙述适合于许多花园城市风格的郊区开发。源于维特鲁威的三种戏剧性街景仍然是一种具有生命力的都市传统，并且也是城市设计师知识宝库中十分重要的概念。

街道是城市中最为普遍的元素。在维特鲁威总结的街道类型框架下，街道仍有很大的变化余地。它们可以在长度、横剖面、形式、特色、功能及意义诸方面各不相同。进而随着时间的推移，街道亦可以部分或全部地改变其原有的这些特征。对街道立面及其装饰的鉴赏是以对街道发展、文脉、角色定位和功能的了解为基础的。通过案例分析，本章的这个小节旨在根据这些因素对街道立面装饰进行分析。这里也将探讨在更为综合的城市区域中装饰所起到的协调整合作用。

城市街道可概括为三种功能类型。第一类是由市政建筑主导的市政街道，这些市政建筑包括剧院、音乐厅、博物馆和政府办公大楼，在这方面，华盛顿特区的宾夕法尼亚大道是一个杰出的实例。第二类是商业街道，我们通常由商业街来显示城市的特征。伦敦的摄政大街、巴黎的奥斯曼大道和纽约第五大街都属商业街范畴。第三类则是居住性街道，它们占据了城市的最大领地，按照其不同的装饰品质，居住性街道或很平淡，或富于装饰，或是界于二者之间。

街道类型之间并无严格的界限。随着城市的发展或衰退，商业性街道可能让位于居住街道，反之亦然。而且，在任何既定的时期内，街道也可以具备两种或三种功能。然而，街道总是可以依据其主要特征来分类的，这一点通常是可以清晰地区别的。

市政街道

与维特鲁威的悲剧式景观相维系的装饰处理方法很适合于市政街道，运用竖向元素可以取得市政街道的宏大尺度感。柱式、山花和其他古典要素的运用可以消解不同的建筑类型、高度和体量的影响，从而获得协调性。在华盛顿特区的宾夕法尼亚大道上，博物馆和政府大楼的新古典与现代建筑共同构成了高度综合

图 2.9　主权路，新德里

的装饰性街道，其协调性乃是通过材质和小尺度要素的重复运用而获得的，像宾夕法尼亚大道这样的市政街道，不同的建筑通过其功能的外在表现增加了街道的丰富性，由贝聿铭设计的国家美术馆扩建工程便是这样的建筑，它以其自身的装饰效果加入到街道的行列。华盛顿的高度控制限制了屋脊线作为一种装饰性元素的表现力，在这种条件下，街道不可能通过那种令人兴奋的天际线而获得其表现效果。

新德里的主权路是另一个纪念性市政街道的案例。它始于鲁狄恩（Lutyen）的规划。红黄两色砂岩的重复运用和形态亮丽的景园处理，促成了带有强烈莫卧儿（Moghul）特征的古典建筑风格（图 2.9）。

伦敦的泰晤士河河堤建于19世纪末，17世纪和18世纪建造的滨河贵族府邸所确定的传统因河堤的建设得以进一步加强。初期的开发形成大量大小不一的建筑地块，并建立起前街后河的建筑传统，而19世纪的河堤建筑则使滨河景观在装饰功能表现得更为鲜明，其体量统一，但其各自的细部、构造和材料各不相同，这些建筑以明显具有竖向特征的古典元素作为主要的装饰主题。鲜明的风格与宏大尺度的装饰主题使这里成为一处富有生气的滨水区。

商业街道

商业街道以其自身的功能装点着城市，正是这些借助于装饰而获得设计品质的街道促进了商业的繁荣。商业活动激发了步行者的生活和运动，这本身就对城市具有重要的美化价值。商业街道可以汲取维特鲁威悲剧式场景的古典形式，也可以采用具有喜剧式场景特征的中世纪集镇的诱人样式。无论商业街运用何种具体的形式，它总是作为日常商业生活舞台的背景而成为这个城市的脉博。近两个世纪以来，摄政大街一直装点着伦敦的中心区，它已经并仍将保持对高档零售业及其配套设施强大的吸引力。摄政大街给使用者和游客所带来的愉悦来自其优雅的弧线形道路，当人们沿街漫步时，街道就展现出不断变化和舒展的视觉景观。不过，弧线形街道并非是约翰·纳什的原有设计意图（苏姆逊，1935），他曾设想用一条笔直的街道使北部的皇家地产与伦敦南部的重要地段联系起来，但迫于闹市区地产权调停的障碍而诉诸于曲线的解决方案。无论其起源如何，摄政大街的空间效果都的确令人兴奋。第一次世界大战以前，这种愉悦的空间感已通过限定街道空间的建筑建立起来。很可惜，纳什的摄政大街现已不复存在，起因是20世纪二三十年代租赁收益回落而导致再开发迟缓，第二次世界大战轰炸后的重建工作则使之消失殆尽。如今的观众只能借助想像力来借鉴纳什的摄政大街的经验了，比如以花岗岩石板铺地的丰富纹理来保持纳什及其同时代设计者的临街建筑的尺度。

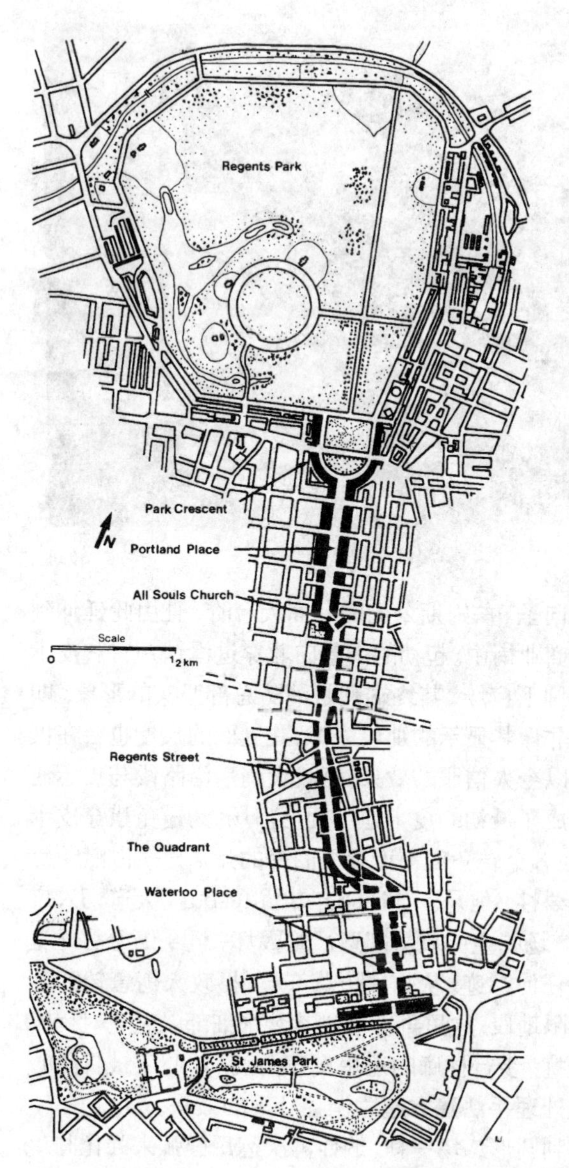

图2.10　摄政大街总平面，伦敦

纳什的摄政大街是如画般视觉规划的成功范例。尽管纳什自己不能设计所有的建筑立面，但是当业主把设计方案汇为一处时，他有能力协调这些不同的立面设计。原有的摄政大道由于连贯地使用古典风格及其抹灰饰面，从而确保了视觉的整体性，而抹灰通常都被认为是次于石材的建筑材料。纳什的确有能力设计出形成纵深街景的关键性立面和街道变向处的重点部位，培根（1978）在评论“摄政大街的优雅姿态”时认为，这个街道的美学品质或许是由于“借助于弧线和临界建筑的浅穹顶而构成的对街道方向转折的卓越处理”。正是在这些地方，纳什的城市装饰技巧被突显出来。摄政大街的装饰细部和特点总是显现于其连续的空间进程之中，尤其是在这种进程序列的结合部，以致每逢不到几百米长的街道就一定会出现方形广场、圆弧广场或是新月形广场。尽管并没有刻意去追求装饰的精巧和复杂性，但却极为巧妙地适宜于强化这条街道优美的空间品质（图2.10－图2.12）。

作为最初的建设，摄政街整个序列的一端始于卡尔顿住宅（摄政王的住所）。原先街道南端的底景穿过滑铁卢(Waterloo)宫结束于1827年拆除的卡尔顿住宅。如今的摄政街轴线则聚焦于

2.11

2.12

图2.11 摄政大街象限段(Quadrant)，伦敦

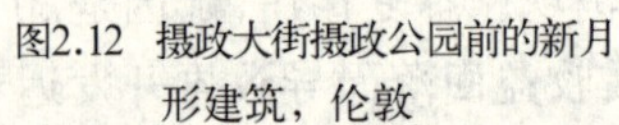

图2.12 摄政大街摄政公园前的新月形建筑，伦敦

约克石柱及其通向圣·詹姆斯公园的登高大台阶，且由此延伸到通向白金汉宫的商业街中。起初的街景向北穿过滑铁卢宫和皮卡迪利(Piccadilly)圆形广场，其终端则是消防总部坚实的形象。即便州消防总部并非像其显示的那般强悍，其立面的尺度也会在摄政大街上产生足以令人信服的效果。摄政大街后沿路段与皮卡迪利大街的交接形成了最初的皮卡迪利圆形广场。为避免横穿皮卡迪利大街，纳什在各个转角部都设置了同样的弧形建筑以赋予每条街道相同的重要性。但是，当1886年Shaftesbury大道切入广场后，这处圆形广场的空间质量即遭严重毁坏，至今仍无法寻觅原有圆形广场的任何踪迹。从州消防总部起，摄政大街急转90度进入到庄重的象限地段。这里再次节制其装饰细部以避免对优雅的空间形式的干扰。步行柱廊的运用贯穿全长(1848年被拆除)，且其统一的建筑处理手法建立起协调且壮观的效果。

如同皮卡迪利圆形广场一样，纳什再次运用圆弧来强化与牛津街的交汇点以使每个街道具有同等的分量。然而，1913-1928年间重建的圆广场，其限定作用却弱化了，与构成交汇关系的街道尺度相比，其空间显得比例失调。从牛津街向北，纳什迫于现实的原因而不得不改变街道的方向以便与早先建成的波特兰广场的线形取齐。若是落在一个不甚高明的设计者手中，这也许会导致一个蹩脚的连接方法。纳什却以一个大手笔解决了问题：带有圆形尖塔门廊的灵魂教堂既是难以处理的道路交叉点的尽端形式，同时也成了巧妙解决街道分叉的元素。圆鼓形的设置显示出城市形态的精妙价值。该教堂变成了一个装饰性的城市装置，同时也是公共建筑设计中的精品。再往北，摄政大街便与亚当兄弟建造的波特兰广场相遇，在18世纪早期，波特兰宫被认为是伦

图 2.13　带拱廊的巴黎街

敦最漂亮的街道。宽阔且比例适当的波特兰广场与摄政公园之间形成了强有力的连接关系。带有爱奥尼柱廊的弦月形建筑所形成的半圆形空间界定了波特兰广场的出入方向，其装饰细部优雅而有节制，不施雕饰的空间已足具分量，它足以形成街道序列的恢宏开端或是结尾。

巴黎奥斯曼大道的功能及其对新古典元素的运用方面都与摄政大街极为相似。在奥斯曼大道，大多数商店在材质、细部、风格和尺度方面与其周围的街道环境保持一致，在表达对这条街道的尊重的同时，也展现出它们共同的特质（图 2.13）。街道地面层以大块面玻璃、店面及转角来强调其水平特征，它不仅支撑着建筑立面中其他的垂直部分，同时也构成一种对比。柱廊和连拱是装扮商业区的又一种方式。在此方面，博洛尼亚是一个典型的案例，它大量运用重复性元素，丰富的细部和精巧的色彩处理，使中心区获得完美的装饰（图 2.14）。

诚然，不依靠古典元素的运用也可以获取街道的装饰趣味，阿姆斯特丹就是一个例子。在阿姆斯特丹，沿运河展开的狭窄街面已形成一种丰富的城市景观，其建筑强烈的竖向特征源自中世纪的所有制模式及税制。狭窄的山墙街面在运河中的侧影，加强了其表面高度并由此增强了竖向效果。这些建筑对城市文脉表现得十分尊重：窗户形状、细部、材质、山墙及色彩融合起来，形成了富有装饰趣旨又协调统一的街景（图 2.15）。类似的山墙街面也可以在那些中世纪城市区段得以幸存的欧洲城市中寻到。约克郡的沙姆莱斯（shambles）是个规模很小却特别优秀的例子（图 2.16）。领地范围狭小，街面以竖向为主，街墙间的距离也很窄，楼面悬出的地方则更为狭窄。小尺度的建筑及其相互间紧凑

图2.14　马焦雷广场(Piazza Maggiore)，博洛尼亚

的围合关系大大强化了商店橱窗、招牌、铺地及半木架结构的装饰效果。这是一条迷人的购物街，是约克郡富有装饰趣味的精华之地。而在约克郡，这样精美的街道的确并不少见。

居住性街道

伦敦和巴黎拥有众多富有装饰性的街道。贝尔格莱维亚、五月市场和斯罗奈广场一带的街道同时运用新古典和乔治风格的装饰性元素，从而获得了具有宜人特色的环境。巴黎的街道也是如此，尤其是Eighth Arrondissement河流北侧的街道。在细质木纹肌理形成的整体环境中，使用石材和抹灰则会创造出协调的小领域。

布拉格和维也纳的一些地区，用巴洛克和新艺术风格的建筑立面来获取街道装饰。丰富的装饰物、曲线和缺损形式以纷繁的细部和动态方式装扮着巴洛克风格的街道。新艺术风格的建筑则

图2.15　运河景色，阿姆斯特丹

2.15

2.16

2.17

图 2.16 沙姆莱斯街，约克
图 2.17 巴洛克风格的立面，维也纳

以其轻巧的手法摘取其相邻的厚重建筑的类似样式来形成美饰与动感（图 2.17 和图 2.18）。

富有装饰性的街道并不一定为富有者拥有或建造。英国19世纪劳工阶层的街道，就以遍布的柱间窗户和五彩砖饰获得了精美的装饰。大多数英国城市都致力于市郊街道的建设，在这里，建筑与风景共同创造出装饰性的复合体，成功的案例可以避免紊乱。尽管所有的市郊街道并不都具有类似诺丁汉公园地产那样的品质，但它们依然展现出与市郊街道相关联的许多特征。

位于诺丁汉市中心西侧的公园地产，是由新城堡（Newcastle）的第五世公爵在19世纪中叶开发的一个独特的住区。1827年，公爵五世曾在城堡的公园用地上启动一项居住房产的开发，但在1831年暴动者烧毁城堡后放弃了他的计划 [勃兰德（Brand），1992]。回想起来，彼得·弗雷德瑞克·鲁宾逊于1827年提出的规划显得很偶然，对于从城堡向下延伸的弦月形山坡地形来说，方格网规划缺乏对文脉的敏锐照应。几幢摄政风格的住宅已经建造在山坡上，这些建筑强调白色灰泥的窗框以及饰以壁柱或柱式的入口。尽管到1856年公园地产的边界部分已经明确建立，但公园地产的路网却是按照海奈（Hine）和伊凡（Evan）1861年的规划建立的（Gadbury，1989）。海奈（1814-1899）是位十分严谨且成功的建筑师，他受过约翰·纳什的影响。规划道路聚焦于一对广场即林科恩广场和新城堡广场。从广场发散出去的道路

2.18

2.19

图2.18　新艺术风格的立面，布拉格

图2.19　海奈在公园地产设计的别墅，诺丁汉

轴线与环境广场的非规则形道路相交。

这条道路并不充分具备一般街道及其装饰品质所惯常的空间限定特征，彼此单独设计的乡间别墅呈散点式布置。这种规划，再加上非常陡峭的地形，对那些专为诺丁汉新兴的工业家和专业人员设计的朴素宅邸提供了高度的私密性。那些带有很大花园的别墅总被高墙所环绕，墙上精致的细部包括彩色砖艺和顶部塑形丰富的砖饰。在公园地产内，多数住宅都由砖并伴以灰泥建成，在地势较高的地段也有少许意大利风格的建筑。海奈用砖来形成一些都铎风格的样式元素，主要是在其上部，同时也以角楼来美化其建筑。住宅的下层隐入花园围墙和灌木丛中，因此让人觉得着力装饰建筑上部意在使行人能够欣赏到丰富的装饰。角楼及精致的细部使每幢住宅显得独特，且表现出主人的富有（图2.19和图2.20）。

瓦特逊·福斯吉尔（Watson Fothergill，1841–1928）是诺丁汉另一位维多利亚风格的建筑师，他的住宅设计因在顶层使用哥特式细部而引人注目。采用角楼意在强化体量并为行人带来装饰性的视觉效果，同时也展现出主人的富有。福斯吉尔为公园地产所做的设计较之他在诺丁汉另一些地方的设计更为节制，但这些建筑在门窗周围仍然融合了精致的雕刻细部。

公园地产的装饰趣味有别于那种极端个性化建筑的异质、对比和并置，是一种由中产阶级的“个性力量”创造出来的环境。海奈的许多广泛类似的别墅与瓦特逊·福斯吉尔设计的为数不多但却更为奢华的别墅之间的比较正是这种对比的典型化。使公园地产避免陷入视觉混乱的是那些树木等植物形成的整体作用，以及在宽阔地块上形成的规则化别墅布局。有限的建筑材料选择（石材、砖、木料和瓷砖）以及简明的开发时序共同促成了地区的整体性，同时也允许突显出差异性。其结局则是由地景来容纳各种视觉景观的拼贴。

多功能街道

并非所有的街道都可以明确地根据其功能类别来分类。诸如诺丁汉的莱斯市场中的那些街道随着时间的推移已发生改变，而像萨尔泰瑞(Saltaire)和约克郡的主街道那样的则有意识地设计为多功能街道。萨尔泰瑞主街既是居住性街道，也包含了该镇主要的商业区及主要的公共建筑。如果说可持续发展在将来仍然是一个重要目标的话，那么效能就是一个需要优先考虑的因素，因此多功能街道将成为一种范式。像萨尔泰瑞的维多利亚那样的街道将成为未来城市设计的典范。

萨尔泰瑞建于1851年，当时蒂都斯·萨尔特(Titus Salt)决定将其商务活动迁出日益扩展且拥挤的布拉德福特。受蒂斯瑞里(Disraeli)一部小说《Sybil》的影响，蒂都斯·萨尔特雇请建筑师洛克伍德（Lockwood）和玛逊（Mawson）来建造他的新城，它位于距离布拉德福特4英里的阿瑞河畔，处在利兹－利物浦运河与连接苏格兰至中部地区的铁路干线之间。离开了布拉德福特，建设变得相对廉价，且不必受制于波罗夫（Borough）的税制，也不必理会可能阻制该设计案新奇特色的相关建筑管治条例[迪伍斯特（Dewhurst)，1960]。

图2.20　公园地产某住宅的入口细部，诺丁汉

这条主街维多利亚路，乃是这项开发的主要轴线。这条街道如今已失去了它原有的铺地。关于那些铺地纹理和图案的某些理念在其他街道上的局部小段路面上尚可窥其一斑（图2.21）。萨尔泰瑞的入口是一处小广场，一边是医院，另外三边则由救济会所围合。救济会所由哥特复兴的装饰细部装扮得分外华丽。沿着维多利亚街散步是件令人愉快且充满美感的事。空间都经过建筑化的调谐，建筑物沿路径两侧排列，其突出的形体彼此映照，亦或通过轴线来组织立面构图。整个街道好比是序列起伏的演出，元素与元素之间通过空间而产生回应，尤如是“街道建筑的小步舞曲”（爱德华，1926）。在学校与社区大厅相对而立的主广场上有四只斜倚着的狮子塑像，当发现其相对于特拉法尔加广场的原有装饰意图来说过于矮小后，蒂都斯·萨尔特买下了这四只狮子雕像。同样是在这个街道中最重要的地方，依然还能看到工艺最为精致的铸铁工艺制品（图2.22）。

虽然萨尔泰瑞的格网平面与许多19世纪劳工住宅的模式相

2.21

2.22

图 2.21　残存的原有铺地，萨尔泰瑞

图 2.22　狮子与围栏，萨尔泰瑞

类似，但在萨尔泰瑞，它却没有陷入在其他地方所见到的那种单调之中（芒福汀，1992）。这一部分地归因于小尺度的开发方式，但更主要的原因是源于处理建筑细部的想法。萨尔特在他的工人中组织了一次社会调查，以便决定该镇所需要的住宅类型和数量。根据迪伍斯特的说法，这是“任何人都必须首先考虑的，好比有10个孩子的工人比有一个孩子的工人需要更多的房间”（迪伍斯特，1960）。结果，计划中的住宅类型变化为建筑师处理冗长的街道立面提供了较大的变化余地（图 2.23）。避免单调是创造街道愉悦感受的第一步，大住宅被置于台地的端部或是需要强调的节点部位。长长的街面沿等高线缓缓跌落，其间极为机智地插入一些大宅的阁楼，它以一种建筑化的控制方式有效调节了屋顶轮廓的变化。

诺丁汉莱斯市场既高又窄的空间，使其成为英国独特的工业化都市景观之一，其间包含了一些精美的19世纪的工业建筑。直至19世纪，这里一直是拥有大府第和设计精良的花园的居住区，但到了 19 世纪，它变成了莱斯工业的世界性中心。莱斯市场的装饰品质使其成为一个可识别性极强的地区，这并非依赖于其清晰的地界，而是凭借其强烈的性格特征。那种特性直接得益于建

图 2.23 街景，萨尔泰瑞

筑所包容的活动性质。

斯托尼街是莱斯市场两条主要街道之一，5–6层的仓储建筑以独特的橘红色诺丁汉砖来建造，它们自铺地边缘垂直而立，形成一种极具峡谷效果的街景。斯托尼街的狭窄空间展示了莱斯广场的主要装饰主题：实体与空隙形成排列节奏，以及简朴且功能化的街面。仓储和工厂都是实用性的构筑，需要为莱斯制造业创造良好的采光条件。既要大面积的采光窗，又要承受石质荷载，这样的立面设计的确是一种高技巧的工程成就。这些立面受制于各种严格的实用制约，在保持简洁和实用的同时，也取得了良好的比例和漂亮的细部。

那些朴素的立面由于精心修饰的门廊和入口而形成一种反衬和补充。企业家们为了吸引业主、顾客及他们的批发商伙伴，在地面层和入口处集中进行装饰。在斯托尼大街及其沃索大门街角处的罗杰斯与布莱克工厂（1879）显示了这些装饰主题之间的相互影响所形成的潜在的紧张感，一面是尺度失常的文艺复兴式入口柱廊，一面却是简单的、压抑的初期现代主义立面。从更为细节的层面上看，装饰的资源既可作为一种实用型装饰，也可以创造性地使用标准化批量生产的建筑构件，以形成典型的维多利亚窗饰和其他细部的处理方式（图 2.24 和图 2.25）。

就像公园地产一样，斯托尼大街也彰显出诺丁汉两位最著名的建筑师的业绩，一位是训练有素且作风严谨的海奈，另一位则是更为崇尚华丽装饰的瓦特逊·福斯吉尔。海奈这位起率先作用的建筑师曾在莱斯市场建造了首批模具工厂中的一幢，即亚当与派杰大厦（Adams and Page building）。后退的入口和华丽轻跃的踏步，赋予建筑以宏大的感人氛围，而这一点的确有助于化

2.24

2.25

图 2.24 莱斯市场斯托尼街的沃索大门(Warser Gate)，诺丁汉

图 2.25 莱斯市场的横街（Broadway)，诺丁汉

解莱斯市场在该地段的那种幽闭沉闷的感觉。在该建筑的入口处仍可看到令人回想诺丁汉莱斯往事的格架工艺。

在莱斯市场，福斯吉尔的装饰天赋可以从他在斯托尼大街处为库克逊（Cuckson)、海塞汀奈（Haseldine）和曼德菲尔德(Manderfield)（1897）所做的工厂设计及巴科大门（Barker Gate)的设计中看出来。这些建筑奠定了莱斯市场中心地带的统一性和地区特征。尽管相对地受限于福斯吉尔的判断准则，但作为装饰之一种，这幢建筑仍然通过对彩色砖艺的吸纳为莱斯市场那些更为朴素而有节制的建筑提供了一种对位配合，这种彩色砖艺在莱斯市场是十分典型的。

从这里向西几乎与斯托尼街平行的是圣·马利大门（St Mary's Gate)，它的竖向尺度偏矮且缺乏戏剧性。在它的北端有一处空旷场地面向着海奈设计的亚当与派杰大厦的背立面。这幢严谨却不失优雅的建筑显示了它的装饰主旨——昂贵的铸铁工艺和石雕，其主题适合于莱斯制造业的特点。这个立面同时也展示了独特的连续阁楼或用于照亮维修及质检用房的高气窗形式。紧挨着圣·马利大门的是彼尔切大门（Pilcher Gate)。在这条街上坐落着福斯吉尔的另一幢建筑，其有着莱斯广场的典型风格，这幢仓储建筑是1889年为塞缪尔·波奈先生（Samuel Bourne)及其公司而建造的。与福斯吉尔在莱斯市场设计的其他建筑相比，该建筑显得简朴且条理分明，它探索了以砖、玻璃和石材之间虚实相间来形成节奏比例变化的装饰魅力。

广场

前面所讨论的许多装饰设计原理对广场或街道也同样适用。因此，在接下来的章节中将只讨论一些主要的不同点。广场是繁忙的街道网络中的一种休闲去处。用林奇（1960）的术语来说，它是一个活动的节点，是许多路径的交汇点，它是某个区域集、镇或城市的中心或门户。这种节点是人们在继续其旅程之前聚会或休闲的场所，因此，广场（或称场所）为城市设计师提供了展示城市装饰艺术的机会，在这些公共领域的节点上，正是市民欣赏城市形象中较为出色的那些景点的理想位置。

根据卡米诺·西特（1901；Collins and Collins,1986）的观点，每个城市都有许多广场，但是只有处于其中心的一个广场或一组相互关联的广场是最重要的，并且比其余的那些广场应当更大。按照西特的理论，正是在这里，社区展示出其公共艺术、大型雕塑、喷泉和方尖碑的最佳效益，也正是在这里，坐落着重要且最具装饰性的建筑。西特的著作问世后，城市在规模、尺度和功能方面已发生了巨大的变化，尽管如此，西特在19世纪90年代所建立的理论依然能够适用于当今的诠释。在城市尺度上对装饰和美化的运用总会受到经济因素的牵制，因此，对于在某些场所而不是在一些地方进行装饰必须要有一种准则。遵循西特的理论，将会发现这些场所区位的梯级关系，尤其是需要公共资金投入的城市美化场所。地段或区域有其自己的中心，也就是这个区域中最重要的节点，这里将是集中装饰的地方，也是鼓励使用的地方。梯级中其他不那么重要的空间就不必为公共艺术注入太多的资金。

对广场立面进行装饰的区位确定可以遵循上述诸原则，但要选择在该广场中的哪个特别部位集中这些美化元素，却取决于这个空间的物质性质。佐克（Zucker，1959）在其区分的城市空间类型中概括了这些物质性质的有效导则，因此也就提出了决定广场装饰适宜方案的有效方法。佐克区分了五种主要的城市广场类型：封闭型广场、支配型广场、群组型广场、核心型广场和无组织广场。

在讨论上述五种广场类型的装饰处理的指导原则之前，有必要首先澄清那些应当避免装饰的位置。雕塑、喷泉和其他城市美化元素不应与高度装饰的建筑立面形成并置。这样的城市美化元素最好是配以一种中性的或是平淡的背景。其推论亦很自然，一个装饰性立面或是雕塑型立面不应置于已有的装饰性公共纪念碑之后，在这个位置上应当少施装饰。佐克论及的所有广场类型都是如此。

佐克定义的封闭型广场有三个很好的实例：萨拉曼卡的主广场、佛罗伦萨的阿农齐阿广场（Piazza Annunziata）和巴黎的

图2.26　安农齐阿广场，佛罗伦萨
图2.27　罗雅莱广场，巴黎

2.26

2.27

罗雅莱广场（Place Royale）。关于这种空间类型的特性已另有论述（芒福汀，1992），但谈到广场立面的装饰处理，就应当注意到下列十分重要的特性：空间是静态的，通常应当取简单的几何平面，为了强调支持或是完善这种静态感受，屋檐线应当保持或是接近恒定的高度。这样的空间不适合过分夸张的轮廓、不对称的塔楼或是夸张的开间。在萨拉曼卡的主广场中，对其立面的中心部屋顶轮廓线稍做强调，从而从广场上暗示了重要的功能和入口。广场其余部分的顶部都结束于一道富有力度的檐口。在这种空间类型中，底部的处理尤显重要，这里引用的每个案例，其地面层都是连拱廊，佛罗伦萨的广场中是三面拱廊，萨拉曼卡和巴黎的实例中则四面皆是。连续的韵律加上拱廊投下的深影更加完

2.29

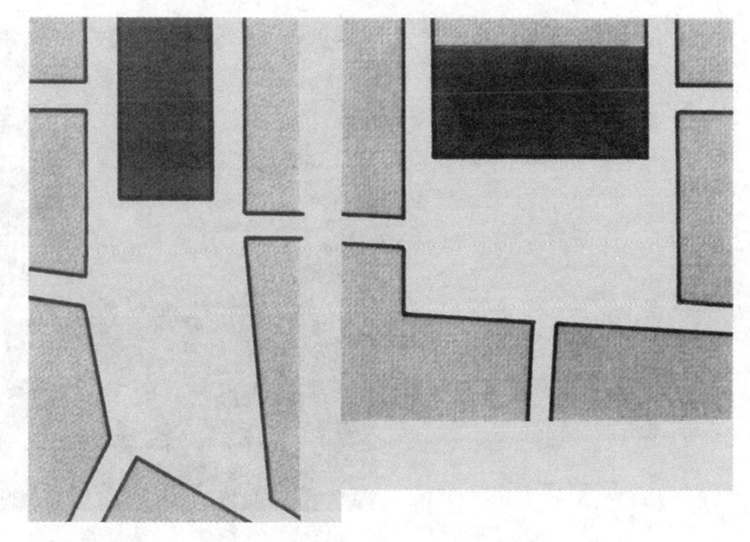

2.28

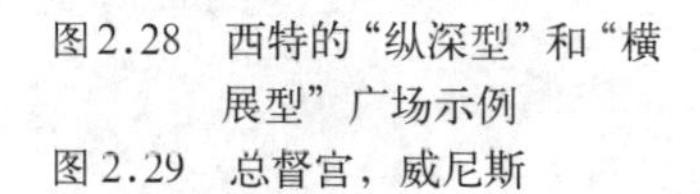

图2.28　西特的“纵深型”和“横展型”广场示例

图2.29　总督宫，威尼斯

善了那种宁静的感觉（图2.26和图2.27）。

支配型广场很强调方向性，通常是朝着某个建筑，但有时也朝向某一处空间，罗马的坎培多格里奥（Campidoglio）即是如此。像佐克一样，西特也曾分析过这种支配型广场。他区分了两种不同类型的支配型广场。第一种类型是面向教堂之类的高大建筑，广场的形状强调纵深，以便能反映出支配性建筑的比例。第二种类型西特称之为“横展型（wide）”（图2.28）。它一般置于面宽很大但不一定很高的建筑（如宫殿）之前。其广场的形状反映了支配性建筑的比例。这两种情形中都是支配性建筑应当在装饰处理上受到最多的关注。就广场中的支配性建筑而言，中世纪的教堂是个很好的模式。教堂的宏大西立面展示在观众面前的是凹入的叠拱门形成的三个主入口，其上则是置于一连串儿拱券之间的成排的塑像。它与围合广场其他界面的那些少有装饰的小尺度建筑形成强烈的对比。在这里主次格外分明，空间的形状和指向性以及立面的装饰处理显露出这种空间的统治秩序，而这个城市也正是按照这种社会秩序建造的。

如佐克所描述，组群型广场通常都围绕一幢特殊的建筑而形成布局，或是其各空间相互关联并通过路径和拱廊相连接。威尼斯圣马可广场是相互关联的空间围绕一幢建筑布置的优秀范例。在这种情形下，圣马可的巴西利卡之所以成为连接处，正是因为它具有高度的装饰性。圣马可教堂适应了两个方位的广场，正是因为如此，它以其形式以及建筑装饰的丰富性控制了整个布局。圣马可教堂的轮廓线以其穹窿顶和小尖塔建立起形式的独特性，并且也与总督府以及圣索维诺图书馆等广场周围的建筑的水平向处理方式构成对比（图2.29和图3.12）。

图2.30　乔凡尼·帕罗广场，威尼斯
图2.31　屈福尔加广场，伦敦

2.30

2.31

按照佐克的描述，所谓核心型或中心型广场就是在其四周布置的力量相对分散的情形下，有一个中心元素很大且足具控制力，从而起到了整合空间的作用。威尼斯的乔凡尼·帕罗广场(SS Giovanni e Paulo) 是个佳例，其不规则的建筑布局围合出一种限定松散的空间，然而通过维罗齐奥骑马雕像这个中心元素建立起空间的统一性。在这个案例及类似情形下，广场的成功不仅取决于中心元素的体积，同时也取决于其形体力度或者其形式的象征意义。与此相对比，空间的围合墙体扮演着第二号角色，其装饰也就缺乏意义。医院的外墙起着消极的作用，它破坏了广场的形体轮廓线，视错觉的运用则加剧了这种感受（图2.30）。

正如其名称所示，无组织广场少有甚至没有稳定的形式。事实上，这也许是广场发展的最早期形式，要不就是围绕着交通转

2.32

2.33

图2.32　集市广场，诺丁汉
图2.33　集市广场，诺丁汉

盘的建筑群。就后者而言，任何形式的装饰都是一种浪费，因为无论在哪个位置，它都看不到。而就前者来说，如果终究要使用装饰，那也只有时间会告诉你装饰在何处。佐克引用屈福尔加广场作为无组织广场的例子。他认为奈尔逊纪念柱缺乏足够的体积去统帅这个宽阔的场所（图2.31）。它充其量也只能是一个交通盘旋系统。不过，在这个广场中及外围仍有些小地方行人可以停留并欣赏装饰。国家画廊前的那个场地即属此列，由此也就成为在立面上进行装饰的场所。一些人会批评该画廊最近的扩建显得苍白而缺少装饰。

与街道一样，广场也可以按照其主要的功能来研究。城市通常有市政广场、商业广场和居住性广场，每一种都有其不同的装饰风格。市政广场是那种被维特鲁威称之为悲剧式场景的地方。市政广场的建筑立面常常严谨且古典，设计的意图在于铭记。其装饰的关键就在于取得统一与节奏。罗马的坎培多格里奥广场和圣彼得广场是两个杰出的范例。另外，商业广场则常常具有喜剧性，它通过各种装饰性立面来展示其繁华。甚至最严谨的商业广场也会显示出不同类型和风格的美化与装饰。商业广场同时也是装饰与日俱新的地方，它表达了不同时期的流行风尚，诺丁汉的集市广场是商业广场的佳例，在这里可以看到不同程度不同方式的立面装饰，古典的、古怪的维多利亚式的和不施装饰的战后现代风格（图2.32和图2.33）。居住性广场也通常不像居住性街道那样，它趋向于表现悲剧性的场景，严谨的立面装饰伴之以整齐

图 2.34　贝德福特广场，伦敦

和节奏。

伦敦、巴斯、爱丁堡和都柏林的居住性广场都提供了由十分严谨的立面所限定的优秀广场实例。可以肯定，居住于这些广场的资产阶级更喜欢古典的立面，他们需要赶超贵族的住区和市政建筑从而借其住屋提升地位。上述所列的四个城市中，限定其住区广场的立面再次使用统一性和节奏感作为装饰的主要控制法则。古典立面通常采用大的元素，而乔治亚风格的立面则采用小的元素，但结果的统一性都相类似。在古典立面包围的广场中，树木和建筑的结合常常带来更为人性的尺度感，而乔治亚风格的立面则无需树木来创造人性尺度（图 2.34）。

小　结

建筑立面是城市特色的形成要素，而美化与装饰的适当运用则是形成丰富有趣环境的关键。苍白而乏味的建筑立面可以通过良好的地面景观加以缓解，设置精美的街道装饰或者造景，但这些元素永远不能成为充分的补偿。中世纪和意大利早期文艺复兴城市的丰富性不仅取决于其高度装饰的建筑，也取决于城市内许多精彩的城市空间。然而在城市立面的装饰设计中必须有个基本的原则。我们所论述的这个原则来自于我们对建筑观察方法的理解，也来自于城市装饰的最优秀的传统。也就是说，它来自设计师本能地诠释知觉的原理并产生像威尼斯和佛罗伦萨那种伟大城市过去的时代。街道与广场因其立面处理的特殊重要性而成为城市中两个主要的构成元素。尽管在决定适宜的装饰区位上这两个元素遵循着共同的原理，但它们分别承担着路径和节点的不同角色，而这正是它们之间重要的不同点。

第三章 转 角

引 言

两个平面相交的转角设计是一个视觉问题，几乎对于所有人工制品的设计而言，这都是一种表现的机会，城市景观设计亦不例外。事实上，转角的处理通常体现了设计者的控制力及其素质。认识到角部的重要性并给予必要的重视将会为视觉环境及城市景观增色。由于其重要性，角部常常都是进行常规性美化或更为个性化装饰的重要元素。但也并非历来如此，在现代建筑的早期，转角处理僵硬而不施修饰。也有角部并不令人关注的另一些时期，例如英国许多精美的乔治建筑就以不同于一般立面的材质细部简洁地表现角部不同界面的转换(图3.1)。

尽管转角细部的美化问题属于风格的范畴，我们仍然可以把转角分为两种基本类型：若两个界面相遇并形成围合的空间，此为“阴角”；若两个界面相遇呈现出该建筑的三维形体，则为“阳角”；前者通常见于公共场所或广场，后者则标志着街道的交叉。

图3.1 摄政大街的角石处理，诺丁汉

作为行人活动节点的角部，其重要性在住区里通常表现在道路转角处总是由商店和公共用房所占据。直至第二次世界大战后，街道转角一直被视为私家豪宅、大型

3.2

3.3

图3.2　帕提农神庙，雅典

图3.3　美第奇—吕卡第府邸(Palazzo Medici–Riccardi)的阳角处理，佛罗伦萨

豪华商店、全景公寓组团和显赫银行之上选地带。这些转角处的活动及其周围建筑通常都对比于不甚显赫的邻里建筑，为了表现这一点而对转角投入更多的美化与装饰工作。

对先于所谓的现代主义者的“英雄年代”之前的建造者来说，处理转角的艺术是城镇设计的一个重要方面，这一点常常磨炼着他们的心智。古希腊和小亚细亚中央大厅式风格的建筑在处于北欧气候背景下的国家中十分常见，这种建筑的山墙和侧墙之间的转接方法，表现了处理转角问题的最基本的形式。建筑设计中许多问题的解决方式通常都起源于古希腊时代。古希腊人沿着建筑立面的四周设置檐部，并以一个展角重复侧面的飞檐从而围合并界定出山墙面的山花，如此便解决了转角这一特定问题。支撑山墙的柱式重复运用于侧墙面，形成一个有覆盖的步行柱廊。典型的神庙其立于三个踏步之上的四个立面，由于支撑檐部的柱式的重复使用而获得统一。由柱础、柱干和柱帽对称组成的典型柱式形成了建筑的角部(图3.2)。文艺复兴早期的建筑师也喜好通过设置平整的壁柱或有粗犷表现力的角石这种模式化手法来处理建筑的阳角。巴洛克建筑的角部表现得更为丰茂，其面与面的转换饰以一连串儿的复式壁柱。英国维多利亚女王时代和爱德华时代的建筑师从中世纪的建筑形式中得到启示，他们用塔楼或塔群来表现转角。就阴角而言，尽管其不具备同样的设计表现机会，也依然向富有创造力的艺术家提出了设计的问题。以阴角相交的连拱庭院可以表现得结构不力、视觉平泛，也可以显得极其笨拙（图3.3）。

以上是在建筑单体的尺度上讨论转角的设计。尽管对于城市设计实践来说，建筑的类比是重要的，而相对我们所要讨论的目的而言，把建筑置身于特定的城镇景观中才更为切题。城镇景观的设定给转角带来了更为广泛的考量范围及其富有想像力的处理方法。街道转角若是因装饰处理而得到强调的话，它就会变得更加易于被人的意识所记忆。由于其重要性的加强，街角将起到地标的作用，进而增强这个城市的形象。角部的另一个功能在于它可以统一两个相接的立面，从而成为街道水平视景的竖向衬托或对比元素。

转角的类型

建筑和城市设计领域中的后现代理论常常从历史先例中寻找灵感。这种探寻的线索导致了类型学的诞生（克列尔，1979；罗西，1982）。类型即是某个对象类别或组群的特征化范式或例证。按照类型学的理解，城市转角是诸种物质类型之一种，其分类基础在于物质形态而非使用或功能。空间类型的确立以及类型学的建立均来源于对传统城市形态的研究，以此来反叛现代主义的城市形态和设计方法。然而类型学并非是一个全新的思想。佐克在其著作《城镇与广场》（1959）中定义了城市广场的分析的空间原型。佐克的类型学基于空间质量的客观印象，而且完全独立于空间的特定功能。

类型的划分意味着在所研究的对象组群中判断出共同的特征。换言之，为了研究的目标，在城市景观中出现和使用的转角必须进一步分类。有运用价值的类型应当能用于对既存状况的分析，同时也能充当一种设计方法。现在的类型意义在于帮助城市设计师完成装饰城市的任务。就这个目的而言，每个类型的判断应相对明确而具体，同时也希望它们不应过于宽泛以至失去意义。类型的目标既综合又完整，但并非所有种类都包含在其中，那些与类型定义相左的古怪且自行其是的种类应统统放弃。无论是什么类型，要在各种原型之间划出精确的界限，即使不是毫无可能至少也是很困难的，而且，既然这种研究很大程度上基于历史先例，那么新的和正在发展的转角形式就很可能难以适合于其范式。

有两个转角类型：其一针对街道，或称“阳角”，其二针对广场，或称“阴角”。图 3.4 和图 3.5 以图表的形式列出了每一种类型。街道转角可以归类为突角，它包括硬式转角、柔式转角和塔形转角。这三种类别可进一步划分，硬式转角可取简单的突角或是切面转角的形式，在柔式转角类型中也可能区分为三个亚类型：“流线式”、“抹角式”和“链接式”，塔形转角则可以是“连体式”和“分离式”。在广场中围合空间的转角可以划分为无角式、柔式和硬式。所有的这些类型仍可以进一步分类。所谓无角式表示形成界面的建筑实际上并没有彼此连接而形成接触，它可以采用三种主要形式：“开敞式”、“拱式”和“亭式”。柔式广场转角可以是“几何式”或“蜿蜒式”，硬式转角是公共广场中最

图 3.4　街道转角类型
图 3.5　广场转角类型

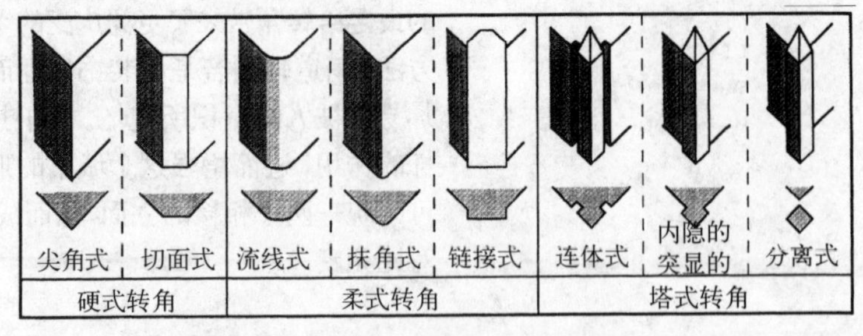

3.4

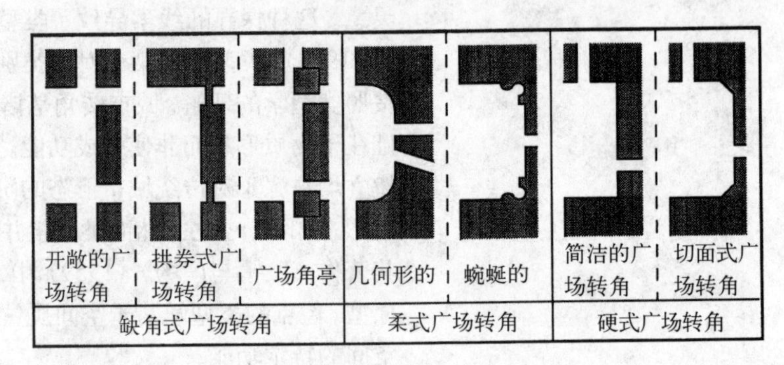

3.5

普遍的转角形式，也可以是简洁的阴角或复杂的切面转角。

街道转角类型

凹角

第二次世界大战后，设计者常常忽视街道转角的问题。布鲁塞尔的一次普查表明“建筑师和政府公共部门疏忽了转角的处理而招致街道转角的系统衰退或毁灭”[莫道克（Murdock），1984]。这次普查的组织者认为对转角的忽视危及了传统的城市结构，同时也是市中心形式单调的原因之一。针对布鲁塞尔的这一激烈评价，同样也适用于欧洲的许多城市。取消转角处理的原因之一是由于机动车视线控制的规范，另外，同时期对传统城市空间布局、街道、广场和街区缺乏尊重的城市思想体系也助长了这种倾向。

勒·柯布西耶（1967）写道：“我们的街道不再起作用。街道是一个过时的概念。不应再有街道这样的东西，我们必须创造出取代它们的东西。”有暴露山墙面的两幢建筑产生出凹式转角（negative corner）的形式，它展现出两幢相邻建筑的三维形式。两侧入口的转角常常是块废地，或以植物点缀，或在山墙上施以壁画，这里常常变成为树立大型广告牌的理想位置。有必要明确界定出转角以便建立起城市街区的形态，因此，凹角就未必是恰当的街道交会处理手法，我们应当建立一个完整的类型体系。

硬式转角

这一转角类型通常与现代主义建筑相维系。由于强调角部表现的可能性，墙体的交接得到有意识的设计，它们并不像凹角那

图 3.6 温室街的切面式街道转角，伦敦

样被忽视。这种设计理念认为，面与面交接于一根不施装扮的垂直线是最令人爽快的交接形式。这样的转角类型基本上与美化与装饰无关。

(i) 简单的硬式转角

在角部交接的两个街道立面构成一根不施装饰的明确线条就形成了这一亚类型。两个立面相交的角度可能是也可能不是90度。在这种情形下，角部常常并不如两个立面重要，它常常不会受到更多的考虑或是特殊的装饰处理。两个立面不同或相似的设计，表现出相交接的两条街道不同的或相同的重要性。若是要在两个立面转角处设置店面，这种转角类型就不理想了。

(ii) 切面转角

这个设计类型是对转角功能和表现需要的直接反映，同时保持了"现代式线角"及其机械化作业。在这个亚类型中，突角直接被切出，它有利于机动车的视线要求，而且解决了在转角处设置商店橱窗和（或）入口的困难（图3.6）。

柔式转角

这种转角类型是指两个沿街面并不在突角上交会，而是代之以一个曲折面来完成街面方向的转换。在这种类型中，有可能通过明显的水平面要素来得到流线式建筑转角的效果，或是由明确的垂直向要素使角部在沿街立面中成为一个突显的设计元素。

(i) 流线式转角

流线式转角即是以整个建筑主立面来形成转角。这种曲线缓和自然，转角几乎不被觉察，而且可以运用屋檐、线条和弧线形

3.7

3.8

图3.7　流线式转角：市场街／国会上街(Upper Parliament Street)，诺丁汉

图3.8　长排街的抹角式街角，诺丁汉

的商店招牌等简单的装饰措施来强化它。在曲线式转角中，底层平面的切口会破坏这种独特街景的流线效果，除非它能通过与连拱廊或柱廊的结合得到仔细的安排(图 3.7)。

(ii) 抹角式转角

抹角式转角也是一个连续的曲线，但其曲率较之前者更大。细部设置可以沿着曲线从一个街面转向另一个街面，重复而不产生韵律的变化。作为一个转角类型，它与那种有着雕刻线角的窗户的搭配最为有效，与此同时，精心装饰且轮廓分明的飞檐和线角把墙面划分成流动的水平带(图 3.8)。

(iii) 链接式转角

链接是连接两个沿街立面的一种中性的方法，换言之，这种类型可以明确地强调角部自身的重要性，因此给其装饰提供了机遇。链接式转角与切面转角相类似，但它是通过插入一个曲面或平面的建筑元素而形成的，这个插入的建筑元素明显区别于形成转角的那两个沿街立面。构成链接的这个元素最好是从地面一直延续到檐部，并通过墙面的进退使其明确地不同于相邻的街面元素。沿着转角运用飞檐和线角则可以使相邻的立面连续起来。当然，如果这种连续性元素过于突显以至与链接处常见的垂直特征相冲突的话，那将破坏由其自身建立起来的协调性(图 3.9)。

塔式转角

塔是最具力度的角部表达形式。强化屋顶轮廓或角部建筑的轮廓线是处理转角的方式中最成功最生动的一种。使建筑立面突出屋檐或使女儿墙形成强烈的竖向特征就能够给城市景观中的重点之处造成明显的垂直向张力。在19世纪和20世纪的早期，圆形或八角形角楼曾是这种建筑元素中十分普遍的形式。这一转角

3.9

3.10

图 3.9　莎士比亚街的链接式街角，诺丁汉

图 3.10 连体的塔式街角：国王街／王后街，诺丁汉

类型乃是区段或邻里有效的聚焦点，而且还是理想的城市地标。

(i) 连体式的塔

连体式的塔有两种形式。在第一种形式中，塔被纳入到建筑的组织秩序之中，且其外形不突出于相邻街面的建筑平面轮廓之外。在这种条件下，塔的效果主要取决于角楼的设置，这也是形成丰富的装饰和生动的轮廓线的大好时机。在第二种类型中，塔楼的平面和立面都凸出于街区的建筑体量之外。在这种形式中，塔楼在其背景中更为明确且突显，因此往往成为重要的地标以显示出组织城市结构的节点意象。凸出式角楼的装饰处理应当以高于屋顶轮廓的适宜的塔形形成清晰的竖向造型(图 3.10)。

(ii) 分离式的塔

这可能是角部处理中最不常用的类型。这种情形中，塔楼完全脱离于角部而独自耸立。威尼斯圣马可塔楼就是这种类型的典范，它耸立在圣索菲诺图书馆的角部，扮演着广场入口空间与广场之间在转角处转换的视觉焦点的角色。城市用地是非常宝贵的，作为一种城市标志，分离式塔楼的运用受到严格的限制(图3.11)。

混合式街角类型

许多基本的转角类型，只要其侧重稍作改变，就可以演变成混合式的类型。屋顶轮廓或底层平面的处理往往是创造混合式转角的重点。尤其对于街道转角来说，两者的层叠可以创造出复杂的混合类型。例如，福斯吉尔在诺丁汉市场北侧皇后大街

3.11

3.12

图3.11　圣马可广场中独立设置的塔楼，威尼斯

图3.12　长排街皇后宫，诺丁汉

与长排街（Long Row）交接处设计的建筑，明显采用了硬式转角的类型，屋顶形式表达了两个街面之间联系的重要性，然而它又附设了一个突出的塔形元素并吸取了装饰丰富的凸窗形式（图3.12）。在葡萄牙塔维拉汽车站的钝角处理中，使角部挖空以至只剩下立面中很少部分在屋盖高度上交会，用一根直升二层的装饰性柱子来表现建筑的转角，其后是深深后退的两个主要楼面。这幢建筑同时也以另一些方式后退岸线以保证城市的传统滨水区的完整性(图3.13)。

广场转角类型

两个界面交会并形成围合空间就构成了阴角，这在公共广场中最为普遍。根据西特的观点（1901），围合感乃是这种公共场所最重要的品质。公共场所或广场就是一个置身室外的房间，它与这个房间一起共同拥有那种围合的品质。在广场中创造围合感的关键在于角部的处理。一般来讲，广场的角部越开敞，围合感就越弱；反之，角部界定越强或越完整，围合感也就越强。作为城市景观元素的广场阴角并非总是需要加以很多装饰，由于其空间质量已经由其他部分的设计来处理（芒福汀，1992），在这种情形中，角部并不需要过分突显。

缺　角

正如这名称所暗示的那样，缺角意味着广场的墙体界面并不真正交会或闭合，即不存在实在的物质性角部。围合感，也就是

图 3.13　塔维拉汽车站，葡萄牙

置身一个场所内部的感受，它是通过其他方法来决定或保持的。

(i) 开敞的广场角部

这种角部处理类型的一个先例就是米开朗琪罗的罗马市政广场设计案。广场的一侧是人们可以眺望罗马全景的景观平台。广场的两个角部分别在元老院与博物馆和元老院与档案馆之间，这两个转角客观上是开敞的，但在视觉上都具有围合感。这个广场具有城市空间的统一性，它来自于米开朗琪罗建筑的力度感和协调性，同时，精心装饰的铺地图案使人们的视线和意识都凝聚于罗马皇帝马库斯·奥莱欧的骑马雕像，这也加强了广场的整体性(图 3.14)。

西特为开敞式转角的广场建立了理想的布局方式。他认为从广场角部延伸出去的那些街道应当采取类似于水轮机螺旋桨叶的布置方式，由此，在广场内的任何一点上，都最多只有一个视角的视线可以伸展至广场以外。他的观点建立在中世纪的先例基础之上，他说："以往，只要有可能，每个角点只向一个街道开敞，另一条街道则呈风车式向外延伸并从广场的视野中消失。"(Collins and Collins, 1986)（图 3.15）。

(ii) 拱券式广场转角

运用拱券来连接广场中相邻的两个界面是增强角部限定的富有装饰性的方法。拱券可以设置在某个广场立面墙体上，或是像佛罗伦萨的安农齐阿广场那样，使拱券设在街道离开广场的一小段距离上并后退于广场主空间。拱券的这两种设置方式都可获得成功。拱券自身是一个富有装饰性的对象，是城市的一种美化方式。框景的方式增加了欣赏城市景观的纵深感，也为城市设计师提供了丰富城镇景观的素材（图 2.31）。

3.14

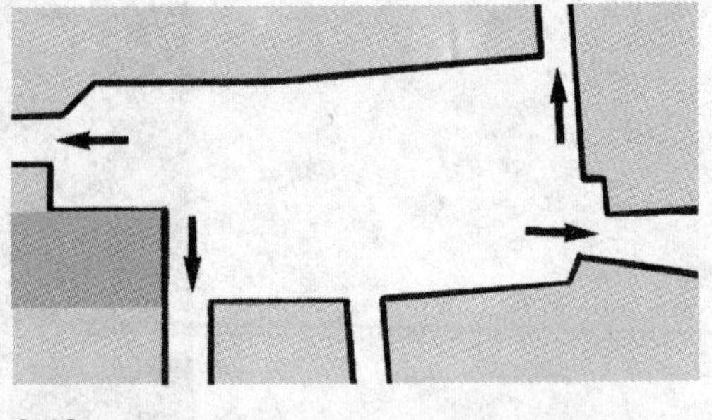

3.15

图3.14 市政广场开敞的广场转角，罗马

图3.15 卡米诺·西特的“水轮机式”的广场平面

(iii) 广场角亭

如果有两条道路在同一个角部与广场相接，它在公共空间内所形成的豁口将破坏这个广场的围合质量。这是西特（1901）最为反对的转角方式，在他看来，如有可能就应尽量避免这种情况。然而，形成一个公共空间理想的转角并非总能事如人愿。除了美学因素外，诸如交通因素之类的考虑也许更要优先。葡萄牙的里亚尔镇（Villa Real）是19世纪末规划的一个小镇。在这里，这种特殊的转角方式不仅已被其主要的公共广场所采纳，而且还被发展为该广场一个重要的装饰性要素。在广场的每一个角部都设置了四幢同样的宅邸作为角亭。每幢宅邸都以其阳角面向广场，并且用许多装饰性元素来重点强调宅邸的主要设计特征。这四幢同样的宅邸以其最具吸引力的方式限定出广场空间（图3.16）。

柔式广场转角

公共空间的转角存在方式并非都像上述的情形那样，有时这种场所会变成露天剧场的形式，在这方面有很多著名的案例。事实上，有些城市空间就建在剧院、露天剧场和竞技场的遗址之上(图3.17)。这类空间的曲折程度从整圆的某个弧段到更为复杂的曲线组合各不相同。为了限定城市空间，这种转角类型已经被用于很多街角的设计之中。角部的设计能否创造出城市空间，取决于角部的大小是否适应于这个空间的尺寸。在这种情况下，空间自身的设计已经比其周围建筑的设计更为重要。例如，约翰·纳什设计了两个广场空间作为摄政大街与比加得里街和牛津街的交叉节点。以前这两个空间统称摄政广场。如今其中的一个改称为比加得里广场，这个广场的意象已有些模糊不清，另一个现在称作牛津广场，它是在1913−1928年建成的(图3.18)。这两个广场的空间限定都已通过四个角部的弧线形建筑建立起来了。不幸的

图 3.16　圣安东尼里亚尔镇的亭式广场转角，葡萄牙

图 3.17　纳沃那广场的柔式广场转角，罗马

3.16

3.17

是，重建的牛津广场其空间围合感很弱，与横穿其中的街道尺度相比，如今的广场比例已经失调。

(i) 几何形曲线

以圆弧形取得空间围合的最著名的实例是老约翰 · 伍德在巴斯设计的广场（图3.19）。这个圆弧由同一个圆的三段弧线组成，广场和三个入口分别位于三段弧线的中心轴线上。广场内立面以分别对应于三种柱式的三段式作装饰。底层用多立克柱式来装饰，二层用爱奥尼柱式，顶层则用科林斯柱式。整个构图用一条厚实的檐板来收头，这个手法同时也掩饰了斜屋顶所造成的角度。其他著名的实例有鄂立克广场的环抱式大柱廊、罗

图3.18　牛津广场，伦敦
图3.19　圆弧形广场，巴斯

3.18

3.19

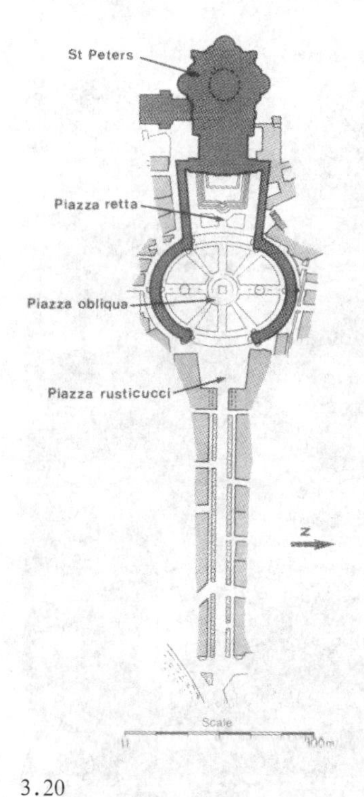

3.20

3.21

图 3.20　圣彼得广场平面，罗马
图 3.21　赫米圆形广场，南锡

马的圣彼得广场、南锡的赫米圆形广场和罗马的波波洛广场(图3.20、图3.21、图5.18)。

(ii) 蜿蜒式曲线

菲利普·那古奇尼 (Filippo Raguzzini) 在罗马设计的圣·伊格那奇奥 (Sant' Ignazio) 广场是这类特殊转角方式的一个范例。在这个小小的罗马洛可可城市空间中，早先的教堂和广场都是同一个整体性空间构图的一分子，这个作品中，无论是教堂的内部还是外部，没有任何一个角部采用了单纯的交接方式。丰富的动感、时而隐退时而交叠的要素、建筑的外围立面，处处都显示出蜿蜒起伏之势，这种造型方式一直延续至街面才结束，目的在于突出波诺米尼教堂 (Borromini' s Church) 的正立面。在城市装饰和景观处理中采用这种方法会取得戏剧性的效果 (图3.22)。

硬式广场转角

正如硬式街面转角一样，广场的硬式转角也不需要过多的装饰元素。在街道转角中有许多美化的机会，但在公共广场中不施装饰的简洁的阴角已经十分适当了。宁静且有节制的角部处理可使广场中其他更为适当的部分突显美化与装饰的效果。用雕塑或其他类似的元素来突破广场角部的屋顶轮廓线可以显示出主要外墙界面方向的转换，也可以把雕塑设置在角部的整个壁龛之中。广场转角可以通过某些装饰性要素的重复而得以强调，比如在相邻的立面上设置连拱廊将会强化角部作为重要转折部位的视觉效果。

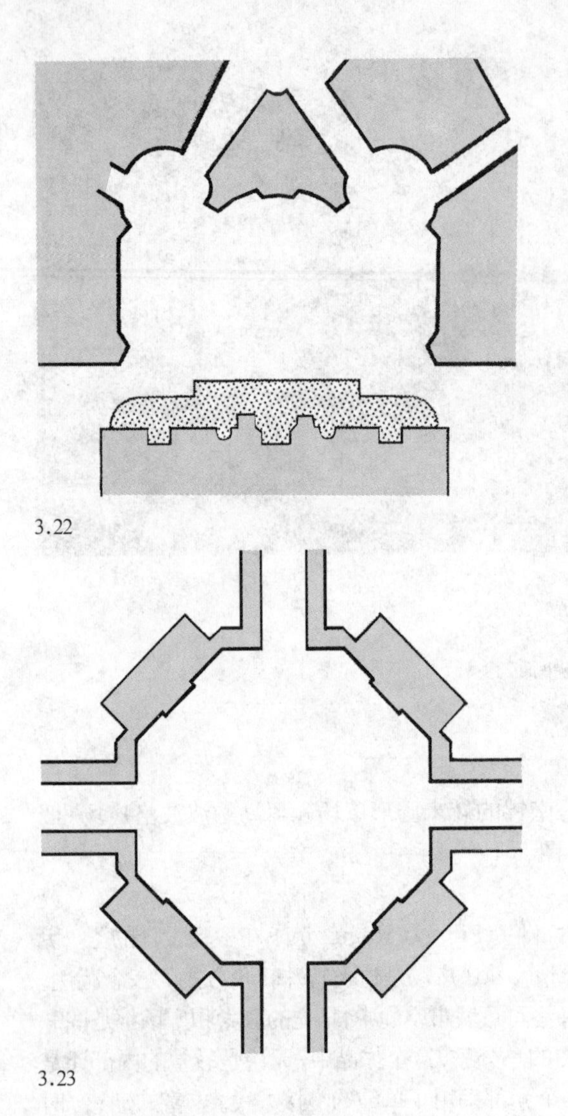

3.22

3.23

3.24

图 3.22 圣伊格那奇奥广场平面，罗马
图 3.23 阿美丽伯格广场平面，哥本哈根
图 3.24 科明庆街和休南街(Soho)的转角处理，伦敦

(i) 简洁的广场转角

这也许是广场转角方式中最为普遍的形式，并且也合乎西特所谓"有围合特征的积极空间"的概念。在城市景观的大尺度前提下，人眼难以辨别细微的角度差别，大多数人只是以直角的左右范围来感知。在此，惟一应当注意的是广场空间中两个相邻垂直界面之间的角度可以在90度–120度或更大一些的角度范围内。

(ii) 切面式广场转角

锡耶纳的坎波广场采用的多折角平面轮廓即是属于这种转角类型，其建筑外界面的平面线形大致符合罗马露天剧场的古老形式。这种转角类型也可以采用类似于纳沃那广场西北角那样更为明确的切面形式，这个广场也同样追随了古罗马竞技场的线型范式。哥本哈根的阿美丽伯格（Amelienborg）广场则采用几何形，这个广场运用八边形平面，其中的四个面分别是四个相同的宫廷建筑，附设于宫廷建筑的八个小亭限定出从另外四个面进入此八边形广场道路的进出口。这一案例中，切角式的广场形式自身便具有装饰性，而且也更有可能进一步依靠角部来增进视觉愉悦和感官刺激（图 3.23）。

小　结

对于现代主义运动中的设计师而言，空间意义并非出自直接的外显的城市文脉。因此作为城市空间中两个限定性要素交接点的角部设计，就难以被认为是主要的设计任务或问题。然而，随着对现代思想的质疑和反叛，建筑师和城市设计师得以重新将转角看作是城市环境连续性的一个重要元素。在新一代英国设计师中，泰瑞·法雷尔（Terry Farrell）是最为突出的一个，他把转角的处理看作是一个积极的设计问题，他的作品如科明庆（Comyn Ching）和芬丘切（Fenchurch）街，其充沛的活力可与维多利亚或爱德华风格的英国城市中的同类作品相比。欧洲大陆上其他著名的设计师，特别是新理性主义者，将传统的城市形式作为源泉，从而去探究角部的设计问题。其中包括阿尔多·罗西在威尔海姆斯特拉斯转角部及柏林IBA科奇斯特拉斯的建筑设计和马里奥·博塔在瑞士卢加诺设计的办公大楼（图 3.24）。

市镇设计中的转角处理，尤其是街道转角处理，对于在市镇景观中引入美化与装饰赋予了极大的潜力。公共场所或广场的美化并不特别依赖其角部的处理，而是更多地从其形状、立面、铺地方式和露天陈设中获得意义和美学质量。但是，街道景观主要还是依靠其转角的处理和连接来获得更多的生气。街道聚会场所的充分表现，会从尺度、韵律等方面影响到人们对城市结构的感受，城市的路径和节点因地标的设置而富有生气，且更易成为生活和工作于其中的人们记忆的意象。

第四章　天际线与屋面景观

引　言

城市天际线是装饰的主要部位，天际线和屋面景观能从许多视点来欣赏。从远处眺望城市，它的轮廓只是一个遥远的剪影，而在通往大城市的道路和主入口处却常常可以十分清晰地望见城市的轮廓。从大地景观环境中的制高点——城市的高处观看时，城市外貌又显得颇有戏剧性——屋面景观的全貌是独特的。站在城市人行道上，天际线又可以从完全不同的角度去欣赏。当观察者漫步在城市中，沿街道两侧及广场周围的屋顶线呈不断变化的深色剪影，反衬着灰白的天空。那些离观察者很远的地标——大教堂的圆顶或地方教堂纤细精致的塔尖凸出于周围的天际线，成为天际线中的重点。这类地标在城市的天际线中起主要的装饰作用：它们是王冠上的明珠，常成为城市的标志。人类在天与地之间的伫居成为特殊的图景，这意味着特殊地域的特殊地点，存在着各具特点的不同的居住形式。城市装饰，特别是城市天际线，能作为一个集中的符号来表达城市，市民借以辨识城市，“这表明一群人共享一段时间、一处地方及其相互之间高度的相互依赖关系”（阿托，1981）。

定　义

“天际线”是最近出现的一个词汇。在19世纪中叶以前，天际线是地平线的同义语，在游记文学中用来指天空和地面的交接处（阿托，1981）。词典的典型定义是“大地和天空交会处的线”、“地平线”以及“天空反衬出来的山脉轮廓线”。直到19世纪90年代，“天际线”一词才与建筑发生了关系。它的新用法被直接用来指一种新类型的建筑——摩天大厦。1891年的梅特兰(Maitland)美国标准词典是已知的收有单词“摩天大厦”的第一本词典，该词典给出的解释是：“一种很高的建筑物，如目前正在芝加哥建造的建筑”（阿托，1981）。在天地相接处摩天大厦的突兀出现使扩大“天际线”的含意成为必要。“地平线”是线性的、水平的，形式上是消极的，已不能概括人类近来在景观环境中添建的“积极的”、垂直的、高耸云天的建筑形式。因此，“天际线”

担当了这一角色，并被定义为包括仰望天空所看到的建筑。“屋际线”在本书的讨论中是指一种较为本地化的情况：屋顶的外轮廓或天空反衬出的一组屋面。“屋面景观”一词在20世纪五六十年代开始流行，意指在视野开阔的高处看到的屋顶景观。

天际线、屋面景观与地形

为了分析天际线，将对两种地形条件加以对照研究：平坦的用地以及丘陵或起伏不平的用地。显然有很多场地不能与这两种极端的用地条件完全吻合。但这些极端的条件仍将构成下面讨论的基础。还有许多其他的地形条件，例如树木覆盖的范围以及河流的位置、大小、形状和性质。对于城市的形式及其装饰来说，这些与地形一样重要。虽然每处独特的基地对天际线都有各自的影响，但地形和天际线之间的关系永远都不会是直接的和易于识别的。当研究建于平原或陡坡上的建成环境时，天际线与地形之间的关系最易得出。分析这样两种互相对照的情况，有助于讨论地形条件不好确定地区聚落的天际线。

通常的规律是：形式整齐规则的规划设计图，一般与平坦的基地相对应；形式不规则的规划设计图，一般与起伏不平的基地相联系。平面为长方形的建筑排列在一起的“自然的”方法，通常是相互之间为直角，除非特别重要的原因，不会采用其他方式。这种合理过程的结果是在平坦的基地上形成规则的规划设计。在有陡坡的基地上建筑组群，易于形成不规则的形式，特别是地形受到尊重的情况下。在位于山顶的传统聚落里，等高线对建成形式的影响常常是显而易见的：道路和临街的建筑立面紧随等高线弯曲，整个城镇的平面通常是从山顶核心处层层向外向下扩展，像池塘里的涟漪。然而在平坦基地及坡地上进行一般开发的这些基本规则，却需要一定条件的许可。一些在平坦基地上发展起来的城镇或城镇的部分，由于道路的有机设计、历史上土地所有权方式以及对地形现存特点的尊重，常常会在平面布置上呈现出不规则性。相应地，即使在地形最不规整的山顶城镇，也经常会出现规则的城镇结构，成为其逐渐发展而成的构图模式的基础。例如在普林，早在公元前4世纪时，其完好的格网模式就已根深蒂固。

有斜坡的基地，特别是孤立的或视觉上独立的山头，其最关键的问题是山顶及轮廓的处理。平坦的场地就其本身来说，其自然的形式并无意义，任何视觉的趣味均依赖于建于其上的建筑。作为对比，山坡具有天空反衬出的曲折的形状，山体的起伏来自于它本身的形状，富有趣味。County Down有小丘的田野或德比郡戴尔斯（Derbyshire Dales）起伏的地貌令人愉悦，与林肯郡（Lincolnshire）一些地方令人厌倦的无尽平地形成对照。山脊之上的建筑凸出于山体轮廓，对自然地形轮廓起到调整作用。

图 4.1　圣吉米尼亚诺的塔楼
图 4.2　山麓城镇，法国南部

4.1

4.2

山顶和山脊上的建筑也可以为锯齿形的天际线增加美好的形状。

看来有两种主要方法可成功用于坡地的开发。开发可在山脚或在其较低的山丘上进行。如此，建成形式加强了山丘的基部，而山丘的自然形状并没有被打破。当一位 19 世纪的工程师和企业家马多克斯（Maddocks）先生在威尔士（Wales）西北的特雷斯-毛尔干（Traeth Mawr）开垦的土地上确定田庄位置时，他把特里马德格（Tremadoc）这座规划的小镇安排在开垦土地的一侧。它处于陡峭的山丘的阴影里，与山丘挨着的就是平坦的已开垦的谷地。在这种情况下，山坡为依靠在其山脚的小镇形成一个壮观的未被破坏的幕景。小镇的装饰性天际线是自然山丘的轮廓，而建筑轮廓则退居次要位置——在小镇里位置好的地点可看

图 4.3　伊斯坦布尔

到屋顶轮廓。按照这一设计规则所进行的更有戏剧性的开发，在埃及的迪尔埃巴哈林（Dier-el-Bahari）地区法老陵墓附近巨大的神殿中也能发现。

成功处理山顶地形的第二个原则，是把间隔较近的建筑沿山脊布置，并尊重山坡的原有形状，以强化天际线。从植物丛中垂直升起的建筑，其形式之间的特殊关系给构图带来戏剧性。在这种情况下，屋顶轮廓是简单的只有几处被打断的连续的轮廓线，屋顶轮廓反映所在的地形。当屋顶轮廓线被打断时，它必然充满戏剧性，例如一个独立的尖塔或圣吉米尼亚诺（San Gimignano）成群的塔楼（图 4.1）。

当从山脚到山顶的山坡被间距很近的建筑连续覆盖时，其原始地形被保留。如果整个构图以一座大体量的建筑为主，景观将呈现出一个新的尺度。圣米歇尔山区（Mont St Michel）是开发建设到某种程度的地貌形式的优美个案，原始的自然地形被后来的开发建设所覆盖和超越。这些个案都是“大手笔”式的示例。在圣米歇尔山区一例中，它是对上帝无尚荣耀的表达。具有节节升高的塔楼和尖顶的天际线顶端冠以纤细的尖塔，这对那些希望用装饰性的屋顶线美化城市的人来说是一个不易掌握的方法（图 4.2）。

至此，讨论一直围绕独立山头的开发而进行，这类开发以意大利中世纪时期小型山顶城邦和乡村地区的小型聚落为典型。对比现代城市，甚至一些分布在广阔地形上的传统城市，古罗马七座山顶聚落连成一体有其自身的起源。本章到目前所讨论的建成形式的方法，均适于起伏不平的地形上的城市。城市中的山顶部分可以作为绿地景观中的小丘，凸出于一般的低层建筑，或者通过开发具有重要城市功能的高密度的建筑来加强山顶地形。在起伏不平的地形上控制、获得或维持一个协调而平衡的天际线有自身的困难，特别是在那些要建比通常的四五层更高建筑的地方。

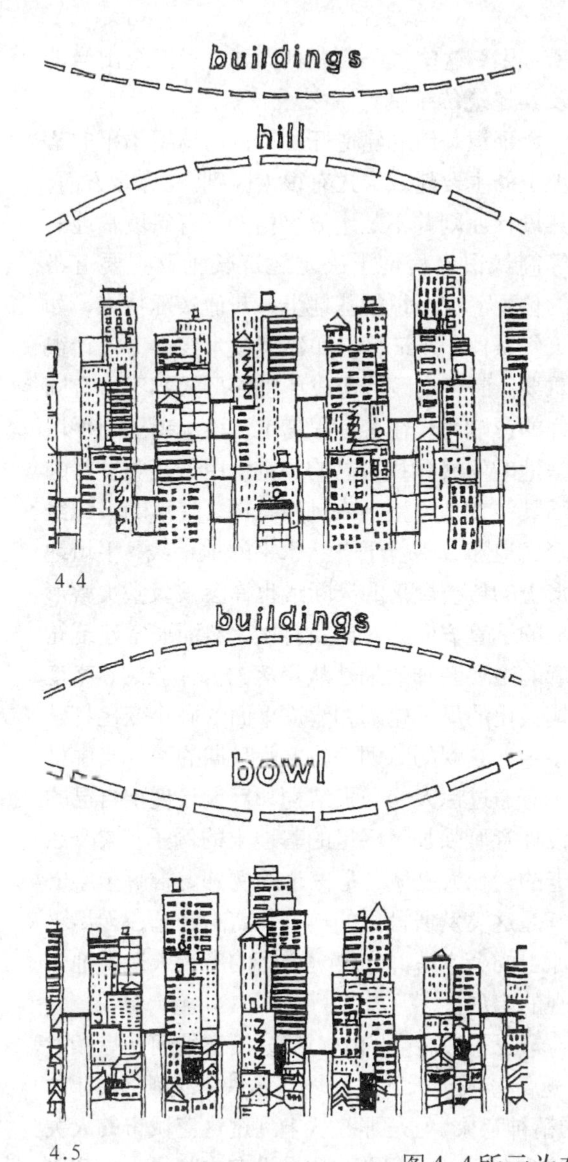

图4.4　“山形与碗形”开发设计，旧金山
图4.5　“山形与碗形”开发设计，旧金山

而这种建造自19世纪后半叶以来，在大多数城市已经是可能的。如果城市的地形未得到尊重，城市如同建在平原上。在一些例子中城市设计利用地形所形成的天际线给特定的环境以区别。这类天际线的特点不是对一座雄伟建筑的精心安置，而是整个建成形式与地形形成和谐关系的结果。罗马和伊斯坦布尔是地形与城市共同作用形成良好天际线的两座最好的传统城市。例如，在伊斯坦布尔，七座小山均被文化中心和皇室的清真寺所覆盖。每座清真寺都有二至六个细长的尖塔围绕着的半球形穹顶。在统领着城市海上入口的小山上耸立着圣索非亚大教堂及蓝色清真寺。这些山头的巨大尺度与托普卡皮（Topkapi）皇宫的人性化尺度形成对比，后者有微型的穹顶和许多烟囱。在七座小山下的低地上铺开城市的其余部分，这种多层次的构图形成丰富而壮观的天际线(图4.3)。

反映地形的屋顶轮廓的优点在《旧金山的城市设计原则》一书中已有阐述，本书由旧金山的城市规划部门出版(阿托，1981)，书中认为旧金山自20世纪60年代早期以来，建筑与地形的“近乎完美”的视觉关系部分受“山形与碗形”的影响。这种建造方式有两大优点，首先，从远处看，对自然地形的调整被强调；其次，从山顶看城市和旧金山湾海景的视线是畅通的。

关于“山形与碗形”开发的一些要点如图4.4－图4.7所示，这些图由阿托绘于1981年。图4.4所示为在山顶建造低层建筑而在山谷建造高的建筑，以产生统一齐平的天际线，弱化基地的地形。图4.5所示为把高层建筑安置在山谷中，以减少山体在视觉上的冲突。图4.6所示为实际采用的方法，“山形与碗形”的效果是高层建筑增加了山体的高度，保证更多人的观景视域。图4.7所示为，如果体量过大的建筑物被置于山顶，山体被削弱成台状，看起来不再像山。在旧金山，城市规划人员所采纳的“山形与碗形”模式的惟一例外是Market大街附近由升起的密集的高层建筑形成的金融区。该中心在视觉上被认为是一座附加上去的“人工的山”。虽然这些观点很有价值，但仍没能影响20世纪60年代之后旧金山的发展。正如阿托于1981年所指出：“建于起伏不平地形上的这座光辉的城市，一切有特色的东西正在被无名的高耸的方盒子

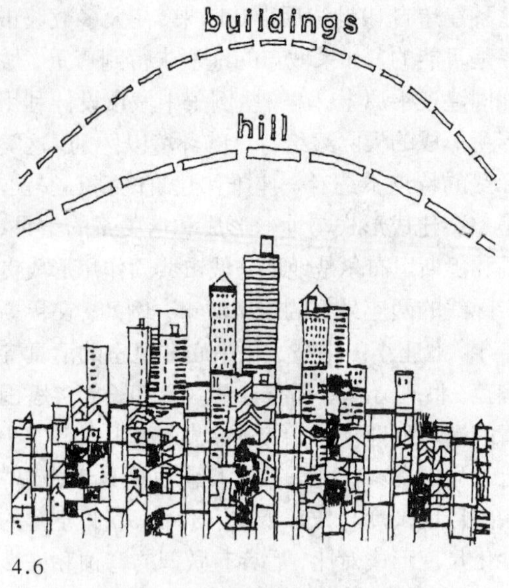

4.6

4.7

图4.6 “山形与碗形”开发设计，旧金山

图4.7 “山形与碗形”开发设计，旧金山

所损毁，这些盒子为获利而建，对旧金山当地及其建筑传统毫无意义。”

平坦基地的建造开发特点与崎岖不平的基地上的主要建成形式有很大区别。在许多方面，其设计原则并不是十分严格的。有斜坡基地的等高线很大程度上决定建筑长轴及主要道路的位置。在平坦的基地上，其他实际特点，如天气条件、建筑材料和建筑技术变得对设计很重要。而等高线对建成环境的形式却不再有同样的影响力。在某种程度上，设计者要为平坦基地的发展寻找自己的原则。用于此类发展的工具经常是方格网或轴线构图。聚落的天际线形式追随或平行于自然水平的地平线。平坦地形上的传统聚落的天际线也许会被教堂尖塔形成的垂直方向的对比所打破。然而通常建筑轮廓的主要装饰效果是从聚落内部体验的，高度模式化的屋顶轮廓和建筑平面的微小变化打破了平地景观的单调。前工业时期的聚落当中极少有通过惊人的夸张结构和巨大尺度把自己的设计意愿强加于平坦的基地上的例子。埃及法老的“死人之城”是一个的例外，吉萨金字塔群是这类发展模式的典型，高高升起在无尽平原上的金字塔群宣告一个新的庞大人造大地景观的出现。

巴黎较古老的中心部分沿塞纳河两岸相对平坦的基地发展。这部分城市天际线由埃菲尔铁塔统领。埃菲尔铁塔是城市杰出的精神意象，它是那些从未到过这座城市的人关于巴黎的想像。埃菲尔铁塔代表巴黎，如果没有它将很难设想巴黎的天际线。设计这座宏伟高塔的最初意图只是作为一个临时的新地标以庆祝1891年的世界博览会，这一背景知识并未给其作为巴黎的意象带来不妥。巴黎遍布伟大的建筑工程、城市街道和令人愉悦的林阴大道，但是如果没有埃菲尔铁塔这一现代世界的奇迹，巴黎作为一个存在实体将缺乏特点。从更为世俗的水准看，黑潭市如果没有塔楼及舞厅，对度假的游客来说将失去很多意义。造价昂贵的塔，如埃菲尔设计的那座以及黑潭市较小一点的复制品，受到精心的维护。对它们进行破坏和搬迁是令人难以想像的。它们已成为其所在城市如此有力的象征，成为天际线重要的装饰点，以至于如果出现某种不幸的意外——独特的塔群倒塌了，不难想像精确的复制品将马上建成。

图4.8 芝加哥的天际线
图4.9 中世纪时期的天际线，威尼斯

4.8

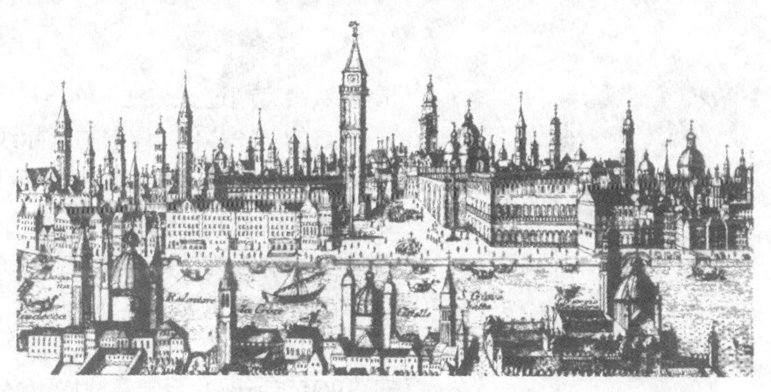

4.9

在美国，有几个在平坦基地上用方格网规划的城市。在费城和华盛顿特区，有严格的高度控制，天际线远不如纽约和芝加哥那么富有戏剧性。费城的高度限制最近已放宽。拥有众多高层建筑的纽约有非常戏剧化的天际线。芝加哥的天际线因有成片的摩天大厦而显得丰富和戏剧化，它强调天际线的"环状曲线"，以与在城市其他地方进行的低矮的开发建设形成对比（图4.8）。

最富戏剧性的天际线效果常出现在城市的主要入口处。如果入口临海，这种情形更加明显。水平的海面映照着天空的色彩，与从水面倒影中升起的临水建筑形成对比，这使所有临海的聚落形成奇特的景观，城市入口的著名范例是威尼斯临近大运河的主入口。临海的城市入口与运河成直角，处于总督府与图书馆之间，通过小广场，圣马可教堂装饰华丽的屋顶正对着巴西利卡。临海入口的天际线由方塔点缀。天际线对这座城市以及市民的社区感觉来说是如此的重要，以至20世纪早期当它遭到破坏时，市民要彻底重建这种意象。图4.9所示的图版中，威尼斯中世纪时期的天际线被清晰地表现出来。众多教堂的塔楼和尖塔互相掩映，但

图 4.10　码头区，利物浦

高度从没有超过更加雄伟的圣马可广场上的钟塔。利物浦市是海上入口的又一佳例。该市的天际线富有戏剧性，三座优美的建筑形成临水的立面，其中轮廓分明的利物大厦（Liver Building）与利物鸟(Liver birds)又对这三座建筑形成统帅（图4.10）。远处，傲立在山脊上的是两座教堂，每座都有十分清晰的轮廓。

天际线最重要的装饰功能之一是便于在城市中定位。从天际线中突显出来的外形独特的建筑，可以起到地标的作用。如林奇于1960年所做的界定：地标不必是高耸的塔楼，而是那些凸出于天际线吸引观者较多注意的建筑。这种城市装饰形式被认为简单实用，有助于定位。正如阿托于1981年所指出的：天际线“提供了各种各样的信息，尤其是有助于定位的信息……，这正是天际线中‘地标’的意义，它提供的明显标志能在城市中确定方位”。佛罗伦萨的Duomo及钟楼是起地标作用的装饰性天际线的一个例子，“无论远近，无论白天还是黑夜均可看到；在尺度和地势上占有勿庸置疑的统率地位；紧密地联系城市传统，作为宗教或交通中心；伴有钟塔，其距离从远处即可判断”（林奇，1960）。然而现时期，随着城市竖向尺度的增加，天际线定位的装饰作用已越来越弱。因而，人们已为控制城市天际线、保留城市历史天际线做出努力，如对所有建筑（除个别主要建筑之外）实行限高，或保护城市里通过特定视点的“视觉廊道”，这些视点朝向重要建筑或天际线中的地标。

社会、经济及政治环境

天际线是城市的王冠，其形式与形状、全部的意义和具有的象征性权力是经过几个世纪发展而形成的。城市形式及天际线被认为是人类文化的物质明证。也就是说，城市形式是在所有时间上城市在特定地点自行组织的结果。现代世界文化，作为社区的社会、经济及政治结构，作为社区自我组织与管理的方法，它运用的技术和它所包含的价值，并不是一成不变的。城市形式及天际线将永远伴随着这些变化而发生改变。对当前天际线的装饰印象的理解，以及更重要的对将来发展的潜力作出预测，都依赖于对文化发展历史的了解。对天际线发展历程的历史洞见与敏锐性，是成功改变城市轮廓重要的先决条件。直到最近，欧洲城市中宗教建筑一直是天际线的主导。在美国，后来渐及欧洲城市，商业建筑成为统率并确定着城市的天际线。

传统城市

摩天大厦是20世纪新都市尺度的象征，是19世纪晚期与20世纪早期发展的结果。19世纪以前，城市的大小与尺度受结构原理及可获得的材料的限制。传统的砖石墙受荷载的限制，木地板和屋面受跨度的限制。另外，工程的高度及宽度还受人和牲口运输能力的限制。

在特殊情况下，建筑比人们踏着规整的基础向上攀登所达到的可能距离还要高。同样，工作地点与驻地之间的距离也不会超过通过步行或骑马往返的合理距离。早在近代之前，在城市中就出现了高大的建筑，例如美索不达米亚的金字塔，是一座巨大的陵墓工程，还有中世纪意大利城镇中众多的塔楼，圣吉米尼亚诺则预示着纽约富有浪漫色彩的天际线。从中世纪和文艺复兴早期到巴洛克时期，城市发展的垂直尺度亦有所增加。莫里斯在1972年指出："在古老的中世纪时期，城市水平生长；防御工事则是竖向的。在巴洛克晚期，城市受防御工事限制，只能建高层公寓向空中发展，直到填满城市的后花园。"尽管如此，人们通常并不在四五层以上的高度生活和工作。除了瞭望塔，高大的建筑仅被用于庆祝或象征性的目的。其结果是：城市的天际线为穹顶、尖塔和塔楼所装饰。在传统城市中建高大的建筑是一项巨大的工程，很少有建筑能找到具有足够社会、政治、宗教或文化地位的赞助人。因而，这种建筑的出现反映并表达了那座城市主流的社会及政治秩序。因此，城市天际线是城市如何运行的物质证明，它反映统治力量及居民的价值评判。

天际线的装饰作用可以理解为文化进程的索引和社会权力斗争的解决方法，虽然这种解决方法是暂时的。与这种动态的平衡密不可分的是表现在不同装饰模式中的评判尺度。特别是在英国，市政大厅采用穹顶的形式以与城市其余的屋顶轮廓相区别，尽管很多教堂的尖顶表明那是社区精神生活的特殊场所。因此传统城市热衷于设立地标，即建造那些在信仰及政治权力方面具有各自存在目的的重要公共建筑。正如科斯托夫（Kostof）在1991

年所指出的："财富及经济权力的源泉有时正是其本身，它在有代表性的建筑中被制度化、习惯化，如纺织大楼在市中心多层建筑中骄傲地升起庄严的塔楼。"锡耶纳市有着典型的天际线，体现了市民权利与宗教权力之间的冲突。虽然有着精美装饰细部的教堂统率着山头，山坡下的豪华宫殿群则试图用高耸的塔楼来克服不利地形。尽管传统城市存在对抗性天际线的竞争，但那种对抗被限制在建筑技术所允许的范围内。一般建筑和特殊建筑都受到严格的高度限制。天际线的竞争进一步受制于有能力参加竞争的机构的数量。高大的建筑数量相对较少，与城市一般结构纹理形成重要的对位关系，而后者通常的特点是在连续运用相似材料和建筑技术上具有高度的统一性。这在屋顶形式上表现尤为明显，这些建筑的屋顶通常具有相同的屋面材料、相似的坡度，并具有相似的屋檐、屋脊和边缘细部。

现代城市

在19世纪及20世纪，城市发展尺度变化明显。19世纪以前，一座建筑能与众不同或有认知度只是因为它的相对尺度及位置。然而城市中争相获得认知与身份象征的机构在数量上不断翻倍地增长。这种竞争有利于建筑业的发展，为了那些希望树立自身形象的机构，建筑业不断提高建造令人印象深刻的建筑的能力。到19世纪末乃至整个20世纪，城市的发展在尺度及外观上均有提升。在大多数传统欧洲城市，空间秩序的不断破坏甚至对偶然光顾的观察家来说也是明显的。科斯托夫于1991年对此类发展进行了令人信服的总结："当建有塔楼的铁路终点站和旅馆高耸的轮廓堪与教堂匹敌时，我们知道旧有的价值评判正被削弱和忽略。当城市中心最终成为高层建筑的汇集之处时，我们意识到城市意象已屈从于私营企业的广告需求。"

最富戏剧性的变化随着摩天大厦的出现而到来。这类建筑得以发展的技术发明与创新是安全电梯以及1884年出现的钢结构原理。安全电梯由伊莱沙·格雷夫·奥梯斯(Elisha Graves Otis)发明于1854年，钢结构原理由芝加哥建筑师威廉·巴伦·詹尼(William Le Baron Jenney)研究得出，这使超高层建筑在结构上可行，并使各类高层建筑造价更便宜。砖石高层建筑的问题在于，超过一定层数后，承重墙在基部必须有足够的厚度以承受自重并抵抗来自结构的挠度与弯矩，以支撑附加的楼板，因此并不经济。钢结构的先进性在于它无需承受砖石结构的巨大重量。

美国的摩天大厦最初大部分限于私营企业。在摩天大厦大量出现之前，修建高层建筑一直是教会和政府的特权，仅限于宗教建筑及当权者的皇宫，或作为公共办公室。在最近的150年中，建筑高楼已成为私人行为并成为有钱人的特权。建筑的使用者遍

图4.11　办公建筑，伦敦城

及社会各阶层，现在人们生活和工作在摩天大厦和其他的高层建筑中。天际线一度曾作为宗教或政治权力的直接证明，现在则成为赤裸裸的金融权力的产物——“摩天大厦是美国现代公司发展顶峰的纪念碑。公司的塔楼成为城市的普遍象征，并且其建筑本身也希望成为市政的成功与骄傲”（科斯托夫，1991）。这引起了市民用摩天大厦装点城市的热情。当亨利·詹姆斯于1904年返回纽约时，他悲伤地发现Trinity教堂笼罩在办公塔楼的阴影中，而在1875年以前，它一直是这座城市的最高建筑。现代普遍用这类建筑作为市政装饰，受到城市人们的喜爱。科斯托夫指出：“在纽约，人们去乔治·华盛顿大桥观赏城市，如同摄影师取景一样。辨认高层建筑成为这项活动的一部分。辨别罗马巴洛克式穹顶曾是早期游客的一项活动，曾记载于附有文字说明的导游手册中的插页里，其中有城市天际线的描绘，如在蒙特利尔从Janiculum上S.Pietro看到的景象，圣·彼德教堂在图中的一端，S.Paolo fuori le Mura在另一端。”尽管摩天大厦有明显的魅力并吸引着建筑师，但早期建成的欧洲城市反对建摩天大厦。对摩天大厦的抵制以围绕伦敦圣保罗教堂周围地区的重建方案而进行的讨论最为公开和著名。

变化中的城市天际线：以伦敦为例

影响力的变化方式及其对作为城市装饰元素的天际线的作用，在伦敦市表现得十分清楚。也许直到19世纪中期，伦敦的天际线一直都简单而富戏剧性，是“‘建在山上的教堂’，圣保罗大教堂统领它周围的城镇”（阿托，1981）。大教堂，无论是其早期的哥特建筑形式，还是后来建筑师克利斯多夫·雷思的伟大的巴洛克杰作，单凭尺度就能够统领伦敦市商人们的店铺和居所。其后，天际线是环绕圣保罗教堂穹顶的建筑群与许多在瓦屋面与新式的烟囱的海洋中升起的精美的教堂的尖塔。阿托于1981年指出：“像欧洲和不列颠的其他地方的教会城市一样，伦敦的视

图 4.12　伦敦劳埃德大厦，理查德·罗杰斯设计

觉意象是一个教会统领下的社区。”

伦敦的视觉意象及其天际线保持数世纪未变，主要是因为受所能利用的建筑材料和技术，以及控制建造高度的建筑防火规范的限制。伦敦大火之后，房屋通常用红砖建造，采用三四层的适中高度。到19世纪60年代，高度的限制在城市中被提出，许多雷恩设计的尖塔已被加速发展的办公建筑所遮掩。“在1888年伦敦建筑运动时期，建筑高度要么限制在80英尺（24米）之内，要么不得高于其所在街道的宽度。这些规定的惟一例外是教堂的尖塔及类似附属建筑。甚至当新技术——钢结构框架、升降机（电梯）和防火原理使建高层结构成为可能时，高度的限制仍在保留”（阿托，1981）。新的城市尺度并未普遍受到欢迎。科斯托夫于1991年提到：为了弄清传统评价标准在现代社会所受的侵蚀，普金把“英格兰工业城市新的天际线——工厂、廉租公寓和仓库冰冷僵硬的轮廓与尖塔直刺天空、充满虔诚感的中世纪城市轮廓”做了比较。

第一次世界大战后，伦敦市的天际线开始随城市商业活动的变化发生明显的改变。在第二次世界大战结束时出现了更富戏剧性的转折。伦敦大轰炸破坏了2700万平方英尺（250万平方米）的建筑，几乎是该城总用地面积的三分之一。这次战时轰炸也造成教堂尖塔的一些华丽精细装饰的毁坏，不过，通过对比，这反而强调了圣保罗大教堂穹顶的厚重浑圆（阿托，1981）。随着20世纪50年代对建筑高度限制的放宽，私营发展商的黄金时代随着国有部门综合性高层建筑的发展而到来，如Barbican、伦敦墙以及Paternoster广场（图4.11）。后来在撒切尔和梅杰时期，宽松的自由竞争原则鼓励更商业化的途径——在给定的地块上建筑高度和容积率由市场力量决定。

高密度开发的结果，特别是其后的三四十年，已成为天际线优先权的一次重新排序。圣保罗大教堂的统领权已完全丧失。战后的办公建筑大量出现在圣保罗大教堂附近，尽管因为其独特的造型仍然很显眼，但教堂已不再像以前那样统率其周围环境。有一个自然资源保护主义者的讨论会，借以怀念最初雷恩时代的城镇风貌，由查尔斯王子亲自主持。有人认为这种做法是理想主义，甚至是乌托邦的。那些持此观点的人认为变化是无情的，“对王子来说假如他回到17世纪，由尖塔统率着的三四层砖房的城市是经济时代的倒退。我们不是生活在由教会统治的克里斯汀时期，我们生活在商业文化之中”[詹克斯(Jencks)，1990]。但是，如果把问

图 4.13　圣保罗大教堂和伦敦城

题与有限的资源联系起来，与环境污染的影响以及世界粮食短缺对发展的严格制约联系起来，那么寻求可持续发展的城市形式将是必然的。类似于查尔斯王子所倡导的城市形式将不再是乌托邦的，而是城市生活延续的必要（参见 Brundtland，1987）。

圣保罗大教堂周围天际线的变化是逐渐发生的。虽然这些变化要依据当时的价值标准及规则来判断，它们也必须依据优秀设计的普遍规律来判定。伦敦不再是一座教会城市，目前它是国际金融贸易中心。那么，这座城市的天际线不应该反映这些重要的功能吗？认识到城市是动态的存在，以前不是固定不变的，今后永远也不是，这并不有违本书的主旨，即每次城市开发的增加部分应当是一次装饰城市的积极努力。从这一观点来看，圣保罗大教堂周围的城市发展不应被认为是对城市天际线的一个良好改进。早期天际线的装饰是诸如穹顶、纤细的针状尖塔和华美的尖顶之类的精美形式。现代天际线似乎被大棒打过，其装饰是沉闷的方盒子和拙笨矮胖的板楼。如果新的办公楼像古老的穹顶一样显著和易于识别，它们也许已被接受。由理查德·罗杰斯设计的劳埃德大厦显示了办公建筑应当怎样设计。与劳埃德大厦不同的是，大多数新的城市高层建筑极少关注它们在城市天际线的装饰方面所扮演的角色（图 4.12 和图 4.13）。

天际线：竞争与控制

城市设计的一个重要问题是随着社会、经济、技术及政治因素的变化来确定城市天际线改变的范围。在欧洲各国以及华盛顿特区，普遍通过立法和行政干预自觉对历史性天际线予以保护。因此天际线的装饰效果由代表公众趣味的公共机构控制。那些试图通过对所有建筑的高度进行限制以控制天际线的城市，通常目的在于维护历史上已建成的建筑高度的统领地位。变化的潮流受到法规、规划和禁令的抵制，但并不总是拼凑。阿托于 1981 年

图 4.14　纽约的天际线

指出："圣保罗大教堂并未湮没，但它的视觉冲击与象征意义受到影响和限制。作为新角色，它与昔日截然不同。它对周围环境的视觉统率大部分是靠警戒与立法来保证的，并通过它在伦敦旅游业中的战略性角色的确立来保证。但从更远一些的地方观看，教堂之所以显著并不是因为它庞大的体量，而是因为其形状与附近塔楼的对比。圣保罗教堂不再是城市的象征，而是关于此地是伦敦而不是别的地方的一个线索。"在巴黎，通过建筑与规划法规来保护建筑高度和密度是可行的，但是在加快开发的压力下这些法规逐渐变得难以实行。

以明确的控制措施来保护历史性天际线是欧洲城市的特点，美国的城市很少这样，但华盛顿特区是一个特例。"由于1910年颁布的一项法规未被撤销，华盛顿成为美国'水平的'城市，该法规规定建筑的最大高度是130英尺（39.6米），类似于当时波士顿和芝加哥的建筑高度。在这项法规中没有提到天际线、首都及其他纪念物……，它对城市建设起到了很好的作用。建筑与房地产业的说客对修订建筑限高所做的努力受到保护天际线运动的有效抵制，该运动反对皮埃尔·朗方规划方案，认为其不应违反高层建筑开发限制并波及山麓周围地区。"（科斯托夫，1991）。

近代城市，特别是欧洲的近代城市，其天际线成为斗争与妥协的象征。城市的轮廓线受到权力的影响，也就是说从某种意义上来说，天际线是权力斗争的结果，在最终，它又获得国家和市政当局的许可和谅解。它是一次政治表述，尽管它的影响力也仅仅是在装饰上，并且这在环境中也是可能的。从个人观点来看，在

图 4.15　泛美大厦，旧金山

当前的政治世界中，天际线是动感和混乱的，它不断变化。私营机构在争夺天际线装饰效果的斗争中通常并不能势均力敌，其结果往往是胜者把他们自己的显著标记冠在城市天际线上。

建造高层建筑的现代城市的先驱是纽约，纽约天际线的许多戏剧性的效果源于高层建筑在哈德逊河与东河之间非常有限的地区的高度聚集。例如，从布鲁克林（Brooklyn）桥上看，整个下曼哈顿的摩天大厦密集排列，像一个整体，似乎要把它们之间的所有空间全部挤满，仿佛一幅早期的立体派画作。尽管曼哈顿岛地势平坦，但天际线给人的印象是城市建在崎岖不平的地形上，呈现一系列人造的“小山”，这毫无疑问反映了这块地产的价值，但与其未开发前的自然状态已相去甚远。不幸的是，世界贸易中心的双子座塔楼的超常高度创造了新的尺度，这使得下曼哈顿（Iower Manhattan）的其余建筑相形见绌。在其他塔楼的高度能与之匹敌之前，世贸中心双塔将一直占据优势，而它们所体现的自由竞争体系并不能使它们的优势维持多久。双塔所体现的空中优势与下曼哈顿其余建筑在高度上的激烈竞争并不在一个层次上（图4.14）。下曼哈顿天际线的效果正在被中曼哈顿（Mid Manhattan）重复。那里，帝国大厦虽然是建筑群中最高的一座，却与周围建筑的高度更协调，并未要在空间和权力上显示独占的优势。

作为装饰元素的高层建筑

传统城市的天际线中那些失控的高层建筑的外观，以及形体特殊的建筑，通过与那些外观具有重要公共意义的建筑的竞争以获取注意力，这破坏了天际线以及城市形态的纯净。但是在商业城市，值得讨论的是用各种手段来标新立异是否均为合法。例如，旧金山的泛美大厦即是一个造型独特的建筑（图4.15）。起初，因为它独特和引人注目的外形而引起广泛争论，后来因逐渐成为旧金山的地标而被市民所接受。阿托指出，泛美大厦目前已成为旧金山海湾地区的航标性建筑（阿托，1981）。许多城市为了与巴黎的埃菲尔铁塔攀比，都竞相建造独特的雕塑性塔楼——例如西雅图的Space Needle以及利物浦的阿埃龙（Aerilon）塔楼——简直汇集了一个城市的所有想像。但这些做法并非都卓有成效。例如，在布拉格市，其高达100米的Zizkov电视塔就对城市的天际线造成了很大的破坏。此类建筑单独使用能确立天际线的重点，但如果全部用这样的建筑，天际线反而会分不出重点。然而，值得思考的是，比独特的形式和造型更重要的是高层建筑顶部与地面部分的设计。正是高层建筑的这些部位被城市中的人们目睹或体验。在塔楼的基部，它构成了街道景观的一部分，对行人来说十分明显。塔楼的顶端，作为建筑与天空的交界，只能从很远的地方看到，在远景中，它成为视野中的制高点。

因此，高层建筑和摩天楼的装饰作用可被认为与古典柱式类似，其基础和顶部具有一定程度的复杂性，而中部则优美而朴素，它的装饰性能仅靠其优美的比例来体现。在设计美国第一批摩天楼的建筑师之中，真正把握住钢结构诗意的人是路易斯·沙里文(Louis Sullivan)。他在布法罗市的Guaranty大厦，开创了高层建筑垂直高耸的抒情主题，这成为后来所有摩天楼的一个特征[休斯（Hughes），1980]。高层建筑的顶部成为主要的装饰部位，这成为标新立异的一个手段。

在纽约和芝加哥这两个20世纪美国最发达的城市中，纽约总是拥有最独特的具有装饰性的摩天楼。吉朗德（Girouard）于1985年指出："把芝加哥摩天楼纯净的优雅与纽约摩天楼的柱体、穹顶与尖塔相比较已成为一个习惯性做法，但这对后者不利。风格上的差别实际上反映着这两座城市的不同地位。纽约作为公司总部所在地，而芝加哥是分支办公机构所在地。"纽约以及其他东海岸地区的投资者为芝加哥的摩天楼提供金融支持，他们希望投资能得到最大的回报，因此要求他们的公司大楼简单、纯净、优雅。然而，当需要公司建筑给人以深刻印象时，"芝加哥风格"就不被接受了。"所有纽约早期的高层建筑都是在设计上炫耀财富，而不是为了获得最大的商业回报。这些建筑作为投资公司、新闻集团以及电报电话公司的总部，他们之间经常互相竞争，并知道在树立公司形象和增加销售额方面，建筑的高度、华丽以及令人难忘的外观所产生的价值。"（吉朗德，1985)。这类建筑实际上是70层高的广告牌，是为公司而不是公众利益服务的城市装饰。

摩天楼在城市发展过程中独占鳌头的观念，也许很快将成为历史。如果可能，地球及人类将寻求与自然重建和谐关系，那时

图 4.16 阿伦森绘制的罗马市政广场航视图

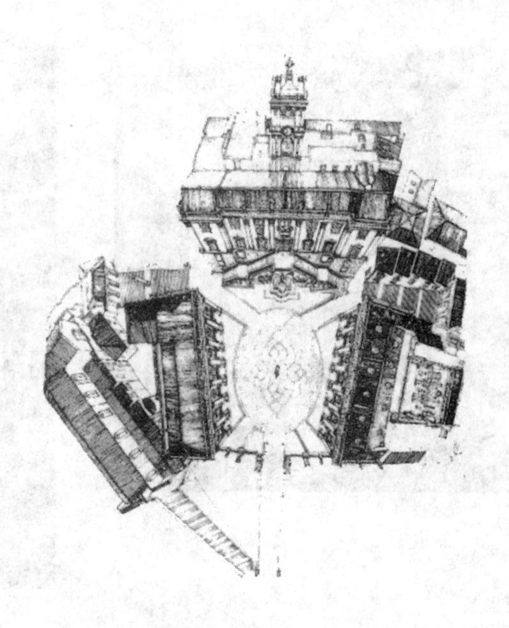

可持续发展成为未来城市最迫切的需要。《21世纪议程》的决议已经形成了对能源消耗、资源枯竭、环境保护、污染及废物处理的新的现实主义的态度。当然，突然的变革还不会出现，投资巨大的高层建筑的建造也不会立刻停止，公共交通也不会一夜之间出现转机。然而，随着有限资源的逐步枯竭，用于治理污染与交通拥堵等环境方面的费用不断地消耗着传统城市发展的资金，不管是城市高层建筑群还是低密度住区，其经济性都将大打折扣。许多欧洲国家已明确了城市发展策略，其目的是减少对汽车的依赖，鼓励建4层高密度建筑以配合过去的城市开发，组织成自给自足的街区，这也许对21世纪早期城市的天际线形成重大影响。这种可持续发展和后续发展的城市，其典型的城市轮廓将与建在平坦地形上的前工业时期的城市具有相似的形式。相对的制高点是被保护起来的上一代的塔楼、穹顶和摩天楼。甚至在后续发展的城市中，摩天楼也许将作为人类昔日的错误而被保留，就像雷恩在伊斯坦布尔设计的尖塔和尖顶一样让人眼前一亮。

屋面景观

高层建筑允许以不同的方式和完全相异的观察方法看城市。巴黎人第一次登上埃菲尔铁塔时，对所看到的景象大吃一惊，那种愉悦和惊讶的感觉至今还在被参观铁塔的人所体验。从某种意义说，每位第一次登上埃菲尔铁塔最高处的参观者都在以一种全新而令人愉快的方式体验着这座城市。画家罗伯特·德洛奈（Robert Delaunay）对所看到的景象是如此着迷，以至于他利用这个有利的视点画出了一系列整个巴黎市的图画（休斯，

4.17

4.18

图4.17　罗滕堡街景
图4.18　阿姆斯特丹的运河风景

1980)。鸟瞰图和轴测图已成为表现城市规划设计的基本方法，但又有多少开发设计实际利用了屋顶景观装饰效果的可能性？阿伦森的散点透视航空分解图，是记录和分析公共空间的非常有用的工具（培根，1978）（图4.16）。其重点在表现屋面景观，这提出了一个新的思路，即城市公共领域的这一要素能从高视点观察到，因此屋面景观作为设计的一部分而深有发展潜力。在德国中世纪的城镇，例如在罗滕堡（Rothenborg），有着令人赏心悦目的屋面景观，这表明在城市景观中屋顶作为重要的装饰元素其可能性是显而易见的。但是，什么都比不上在下雨的11月早晨看到密集排列的灰色平屋顶更令人沮丧。应该知道在崇尚现代主义的建筑师的设计哲学里，平屋顶意味着令人愉快的花园，也许屋顶的空中花园是装饰和绿化城市的一个值得回复的思路。

屋顶轮廓

屋顶轮廓是天际线的组成部分，能在城市空间中观察到。它不像天际线那样，从远处看只是一个剪影，虽然屋顶轮廓也是剪影，但它是从相对近的距离观看的。屋顶轮廓是建筑或公共场地的外轮廓或墙体的最高边缘，是建筑与天空的交界。作为主要建筑元素，边缘部分是传统的装饰部位。既然从近处街区可以看到，视觉上的丰富性就很重要，这与功能主义和现代派的设计思想相去甚远。对设计原则的忠实会使现代派建筑师用干巴巴的无装饰的边缘来结束建筑立面，覆盖着防潮层的窄而平的墙顶就成为这一重要装饰元素的惟一识别特点。边缘似乎未完成的无装饰的幕墙，围合着办公楼的方盒子，这类建筑可以追溯到20世纪五六十年代，存在于欧洲大多数城市中心。在屋顶轮廓处设置有

4.19

4.20

4.21

图4.19 罗德（Road）城堡，诺丁汉

图4.20 斯特罗奇府邸，佛罗伦萨

图4.21 乌菲齐广场，佛罗伦萨

一定趣味和复杂性的装饰是让现代城市变得有趣的方法之一，这是完成一座建筑并庆祝它与天空和城市结合的一个自然方式。

总的来说，有四种类型的屋顶轮廓。第一种是已经讨论过的，在许多现代主义建筑中可见的简单干脆的边缘。第二种是中世纪时期城镇自然形成的产物，由一系列面向街道或广场的斜屋面的山墙组成。第三种是文艺复兴时期的产物，由建筑临街立面上的水平装饰边缘组成。第四类可在巴洛克建筑群中发现，并由新艺术运动倡导。这种类型的屋顶轮廓在空间的各个面上都力争达到设计的高潮。

中世纪的街道建筑有与临街立面垂直的长轴和屋脊线。储藏间常设在屋顶的空间，屋脊下设有滑轮，滑轮位于山墙门洞上方。因为这一装置的尺寸相对较小，在5–8米之间，所以山墙临街道或广场的一面在造型上有充分的自由以形成连续的节奏，山墙之间也可以相互靠近从而呈现出有趣的屋顶轮廓。由于街道的有机生长，沿街道方向不断变化的拐弯尺寸及不同的建筑高度使视觉上的趣味得到加强。罗滕堡是中世纪城市天际线的优美范本，那里种种大小不一的山墙在风格、颜色和材料上总能与大的整体保持统一（图4.17）。在阿姆斯特丹，建筑临运河的一面，有多种具有荷兰风格的山墙，这一风格的天际线出现在繁忙城市中心的大部分区域（图4.18）。在19世纪，这一中世纪风格的天际线被大体量的办公与仓库建筑所采用，有时因堆砌大量细部而显得僵化和单调。然而在偶然情况下，这一中世纪风格的天际线在19世纪也被运用得充满灵感，如建筑师瓦特逊 · 福斯吉尔(Watson Fothergill)在诺丁汉的设计作品（图4.19）。

文艺复兴时期的屋顶轮廓又回复到简单的风格，但它的简单，与20世纪现代主义建筑师的“简单”截然不同。文艺复兴

4.22

时期屋顶轮廓的范例见于佛罗伦萨市早期的宫殿建筑，如美第奇别墅与斯特罗齐（Strozzi）府邸。承托在带有装饰的支撑结构上的深远的挑檐凸出于墙面上的装饰带（图4.20），建筑顶部有丰富的装饰，包括深深的阴影线，它特意利用了意大利强烈的日光——无疑，观赏者在此已被忽略。这种屋顶轮廓风格的典型建筑是乌菲齐(Uffizi)广场，建筑顶部连续的水平线脚由深远的挑檐覆盖（图4.21）。在后一例中，其檐口顶部也可以加建阳台栏杆和更深的挑檐，或者是装饰性的阁楼。有特色的屋顶轮廓会受到保护，如教堂前部的山墙面或教堂十字拱前的山墙面。

巴洛克式屋顶轮廓线强调动感，其规则的屋顶线条常被塔楼和烟囱所打断。例如霍华德城堡，其屋顶就有许多塑像和巨大的装饰性“花瓶”(图4.22)。在建筑主轴线上，不断增加的设计高度被引向中心制高点，也把建筑本身引向权力的巅峰，而不管它是引向个人权力还是宗教的权力。建筑师雷恩在其为格林尼治所做的女王宫殿设计中，未能实现其主要设计意图，早期在轴线前端的尺度较小的王宫使他打消了在那

图4.22　霍华德城堡，约克郡(Yorkshire)

图4.23　格林尼治女王宫

4.23

里设置建筑制高点以作为屋顶轮廓高潮的想法，而代之以两座穹顶（图4.23）。作为对权力的朝拜，建筑师勒琴斯(Lutyens)运用这一屋顶风格在新德里所做的设计十分恰当，但其方案未能实施。建成的国会大厦的穹顶位于轴线的前端，建筑高潮与背景部分并不协调。贝克设计的两座穹顶越过次要的秘书处，削弱了前景屋脊上的部分。

小　结

天际线、屋面景观及屋顶轮廓是城市主要的装饰部位，天际线可在远处观赏，大体量的建筑及塔楼统率其余通常较低矮的建筑或视觉上独立的屋顶轮廓都可以形成优美的天际线。这种建筑的主要装饰效果是其轮廓形状。高于一般建筑群的建筑应具备有趣的外形。以往有着穹顶、尖塔和塔楼的建筑一直是传统城市天际线的主要装饰特征。纽约成片的塔楼也形成浪漫而迷人的天际线，令人想起中世纪的城镇，例如有很多塔楼的圣吉米尼亚诺。

屋面景观是从城市中高大的建筑上或其他有利的视点看到的屋面的海洋。屋面景观具有类似于大地景观的特征，它为人们提供了进行装饰的机会。经过细部设计的屋顶轮廓，其外轮廓线在城市人行步道上可以看到。屋顶轮廓随市民在建筑周围的走动而不断变化，因此，应对其进行很好的修饰以使街道景观充满趣味。正是建筑与天空之间的这个部位，进行装饰是最有效的。

第五章 城市铺地

引 言

米开朗琪罗设计的罗马市政广场，其步道图案壮丽而辉煌，步道用石灰石块与小块玄武岩镶拼而成。星形放射图案从骑马的马库斯·奥莱欧塑像的底部发散开去。随着图案向四周的延伸，星形图案的椭圆形池塘里的波纹交织在一起并逐渐衰退，最终消失在由米开朗琪罗三个伟大立面围合成的梯形广场中下沉地面的三座升起的台阶前（图5.1）。漫步广场上将给人们带来美妙的体验（图5.2）。这座广场同威尼斯的圣马可广场一样形成令行人兴奋的视觉感受。比视觉和知觉感受更重要的是人行步道上用白色石灰石和黑色玄武岩铺成的像绳结一样复杂的图案（图5.3和图5.4）。虽然罗马市政广场与圣马可广场的人行步道的图案和形状截然不同，但却有两点共性：图案在功能上都是作为限定空间并赋予空间尺度感的要素。圣马可广场的图案把人的视线引向市政厅。市政厅则被广场上发散的线条进一步强调，广场给人的错觉使构图中主体建筑的主导作用得到加强。地面图案的线条重复空间主题，并把空间动感导向市政厅。米开朗琪罗的罗马市政广场的人行步道设计，把安放马库斯·奥莱欧骑马塑像的空间中心与周围的墙面联系起来。下沉的椭圆地面及图案加强了空间的向心感，而从中心图案发散的条纹，则强

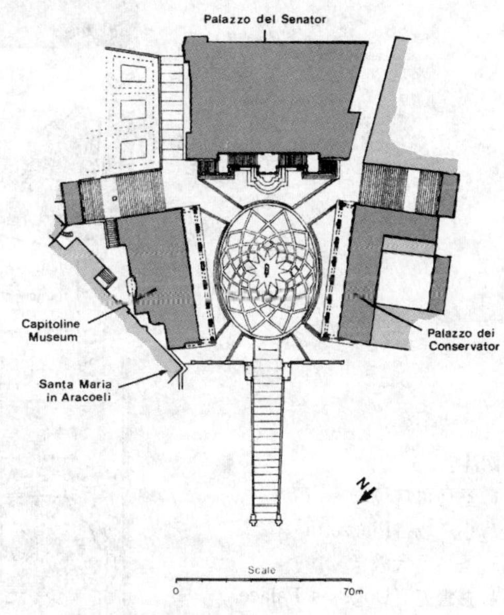

图5.1　罗马市政广场平面

图 5.2 罗马市政广场
图 5.3 威尼斯圣马可广场平面

5.2

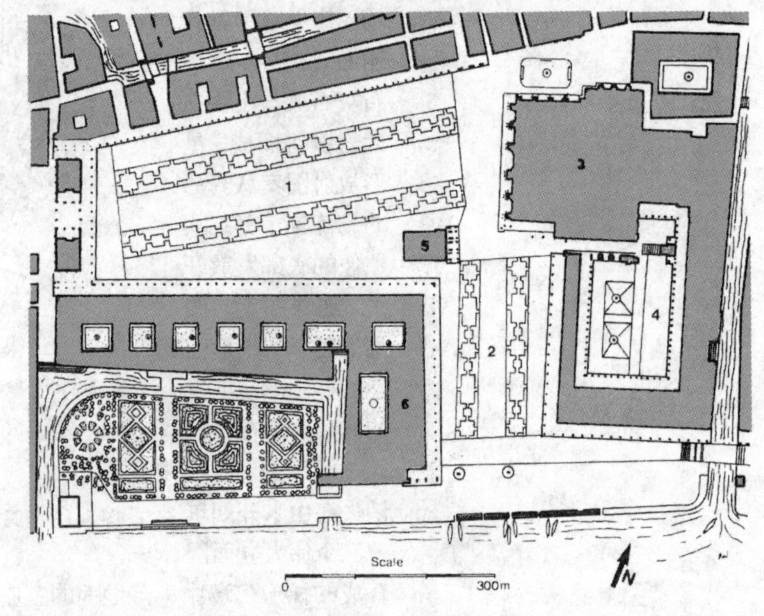

5.3

图注：
1.圣马可广场
2.小广场（Piazzetta）
3.圣马可大教堂
4.总督府（Doge’ s Palace）
5.钟塔
6.图书馆

调了从中心到周边并进而到城市景观的动感。并不是城市所有的人行道都要像圣马可广场和罗马市政广场那般精美，牛津和剑桥的四方庭院同样令步行变得愉快。本章将探讨城市铺地与功能相关的装饰特性。

传统步道的设计与建造各地都不相同，通常取决于当地所能获得的建筑材料。城市街道和广场中传统人行步道的装饰图案通常比近期建成的要丰富。哈普林(Halprin)于1962年曾这样描述过传统街道：像“一块华丽的毛毯铺在脚下”，虽然现代建筑材料在纹理和色彩上都要丰富得多。不是因为材料的缺乏和资金的限制，而是装饰功能在步道设计时没有被设计者采纳，因此导致了现代人行步道看上去令人厌倦和缺乏吸引力。最近的地面景观

5.4

5.5

图5.4　威尼斯圣马可广场
图5.5　铺砌地面上的装饰图案，诺丁汉

设计方案已把图案重新引入了人行步道的设计，以提高城市景观的观赏效果，诺丁汉即是一例（图5.5）。从分析传统城市地面景观入手，本章的目的在于得出一系列具有指导作用的理性原则，以用于人行步道的图案设计。

研究的范畴

第二次世界大战刚结束时，公共开敞空间的定义依据的是那些用来运动的场地（如运动场），或较安静的娱乐休息场地（如正式的城市公园）。在城市之外，国家公园作为开放空间满足一般人群的使用。虽然，本书并非认为这类性质的开放空间并不重要，但关于公共开敞空间的这种定义还是过于简单化了。城市最多数的公共开敞空间是由街道和公众广场组成的，如果不是最多，也有大多数休闲活动发生在这里。当为城市市民的娱乐场地做规划设计时，进行通盘考虑是必要的，这一方法界定了从家门到小区公园的城市空间。对这一广泛而复杂的空间体系进行规划设计，首先需要设计师在考虑问题时把它分解成更小的单元加以研究，即考虑总的结构、组织和外观，这具有更重要的意义。

公共空间的地面和铺砌图案是本章讨论的主题。城市中有两种主要类型的铺地：硬质铺地与软质地面。城市软质空间及区域包括未经设计的地面、农业用地，经过景观设计的公园以及设在

图5.6 人行步道，皮恩扎(Pienza)

其他硬质铺地中具有装饰功能的软质地面。后一类型的软质地面将在本章讨论。关于硬质铺地，有交通繁忙的街道和马路以及人行步道和行人与轻型交通工具混行的道路。装饰性步道及城市中交通平缓的区域是下面各段讨论的主题。

铺地的功能

铺装区域的主要作用是提供一个硬质的表面。对软质地面进行景观设计的作用，是把自然引入到建成环境中。覆盖城市地面的两种主要方式的功能是如此地明确，以至地面的更细微的功能时常不被重视或完全被忽略。比兹利(Beazly)的著作是有关铺砌区域的设计标准，他于1967年指出："如果不是出于实际原因，铺装材料永远不变是一个安全的设计原则，虽然在偶然情况下这一原则也会被打破。今天，对铺装材料重新感兴趣，有时已导致对材料的应用仅仅是为了获得纹理图案。"确实，许多传统的铺地实例中，材料与图案的变化是由于一些很实际的原

5.7

5.8

图5.7 草地边缘，新厄尔斯威克（New Earswick），约克
图5.8 用有肌理的铺砌作为障碍警示

因造成的。出于这类考虑，装饰地面的机会自然大为增加。然而比兹利的著作写作时间是20世纪60年代，当时流行的观点是减少装饰，几乎全部以功能主义的信条作为图案设计的理由和借口。威尼斯的圣马可广场与罗马市政广场成功地利用了图案装饰，如果不是为了各自的目的就是纯粹的美学原因。这些范例并非孤本，遍及意大利及伊比利亚半岛有许多复杂而美丽的铺装，真像踩在脚下的“华丽的地毯”（图5.6和图5.13）。

铺装地面

铺装区域的主要作用是提供一个硬质、干燥、不易滑跌的表面，可承载机动车交通或人车混行（早期人车不分流时）。交通的变化需要地面材料也随之变化，在发生变化处，对材料的恰当使用提供了产生装饰性边缘的机会。在机动车道和人行道之间最普遍的边缘是到处可见的花岗石或混凝土的路牙，比人行道平面跌落10–15厘米。如果机动车道交通繁忙，设两道路牙石也许是给行人多一些保护的有效方法。如在道路边缘进一步增设平行的线条，会给功能的变化带来更明确的界定，也可增加装饰效果。路牙石可以突出路面，也可不突出，排水管道可设在车道一侧——形成三条带状花岗石板铺成的路面。另外，如空间允许的话，可设草坪将人行道与机动车交通分开（图5.7）。

铺装地面的三个实用功能是：表明所属权、表示危险以及给予警示。地面材料可根据上述任一功能而变化。当地面材料变化时可运用图案，如果连续运用，可在城市小范围中形成装饰的韵律。地面景观有成为语言的潜质，它可供理解、记忆并能传达意义。在道路十字路口，使用有条纹的铺地是必要的，它可使盲人和弱视者安全通过环境中危险的地点——实质上，它是盲文的延

5.9

5.10

图5.9 通过铺砌肌理警示危险
图5.10 草地边缘处理

伸。作为一个标识，它对视力正常者一样有用，能使人避免城市生活中的危险。它的运用亦为这一过程增添了新的美学内涵。用花岗石铺成的石板路作为私人驱车通往大街的通路，它是对行人暗示危险的一种既传统又有很强装饰意味的方法，它使行人立刻明白人行道路在此结束（图5.8）。嵌在混凝土中“绊脚”的卵石是防止行人步入交通要道的现代“技巧”（图5.9）。卵石的这一用法与传统铺地设计相比并不是很可取，虽然它们具有类似的功能。传统方法是在铺砌的步道与草地之间铺设两三排卵石，显然更为精巧（图5.10）。铺装材料的变化能用来表明所有权的变化，以让行人知道公共领域的结束和私有地产的开始。这一思路常被餐馆利用，把其桌椅布置到街道与广场各处。这一方法也常用于旅馆、银行和商店门口，以让公众意识到他们正处于私有领地上，而这儿是供他们的顾客使用的。变化地面图案的方法把装饰的一个必要元素引入地面设计，更进一步，如果铺砌图案在城市较大的范围内获得连续性，那么其作用将发挥得更为有效。

铺地设计能产生导向感或提示休息区，这是同一作用的两个方面，它可以引导并赋予运动以节奏、速度和图案方面的意义。最起码，在没有其他道路标识时，铺地设计能用来引导行人或车辆通过某一区域。设在成片鹅卵石铺地中的石板步道有很多设计佳例。例如，石板路可引导陌生人或参观者穿过半私密性庭院

5.11

5.12

图5.11　导向性铺地，波士顿，林肯郡（Lincolnshire）

图5.12　百老汇大街，Lace市场，诺丁汉

（图5.11）。在地毯般草地中的石板小路也起有类似的引导作用。穿过平整地面的斜道，特别是用卵石或石板平行于道路作镶边处理或加宽铺砌，这就把图案装饰的重要元素引了进来，即环境设计的重要基础——人性化的尺度。起导向作用的铺地也许只有纯粹的美学功能而没有实际作用，它可用于街道以加强空间的线性特征并因此提高空间动感。

人行道平面与街道立面相接处是一条线，这条线在以往已被利用并加以装饰。这是建成环境的重要装饰部位之一，这些环境设计的成功源于平行线的反复运用——柱脚线、铺地上的平行线条、路牙石以及道路排水管。沿街道长度方向的平行线加强了运动的连续性，并把人的视线沿道路引向尽端。遗憾的是，最近的许多步行街规划忽略了街道的线性主题：铺地常常从街道的一边不加任何区别地满铺到另一边，既无路牙石，也无记忆中的步道。在运用铺砌图案的地方，如在街道边缘采用几何图案而不是连续的线形，其结果看上去笨拙而尴尬，如诺丁汉百老汇大街（图5.12）。百老汇大街是一段曲折的街道，是诺丁汉感觉最好的地方。遗憾的是，后期无论设计还是施工上都毫无灵气的铺装，损害了空间的完美。设计没有对铺地图案进行重复，忽视了街道平面的曲折形式，也没有采用通过在街道两侧抬高人行道的做法以保持街道良好的比例和尺度。

供休息用的铺地设计，一般与城市中人们停留休息的地方相联系，它的作用与音乐中短暂的停顿相同。它常用在人们进行交往、喝咖啡以及欣赏喷泉、雕塑或远处风景的地方。城市广场或

5.13

5.14

图5.13　塔维拉的公园，葡萄牙

图5.14　坎波广场铺地，锡耶纳

人们相遇的节点，常作为中性区域处理，没有引导性的铺地。这种铺地会影响在此停留的人们，能给一个地点成为趣味中心的进行过图案设计的地面也有同样的作用。趣味中心可以是图案本身或某些特点，例如在葡萄牙阿尔加维（Algarve）的塔维拉(Tavira）公园里的露天音乐台，观赏者的注意力被铺地上显著的图案引向音乐台（图5.13)。地面图案在动态与静态之间转换，交替作用，其设计有机城市的编舞术，让城市景观富有节奏、尺度与和谐的性质。

城市中硬质铺地的一些功能与审美需求相关，这与前文讨论过的那些完全或部分是由于实际需要的例子形成对比。这些审美功能包括：促进一个区域特征的形成；保留与昔日的某种关联，也即维持记忆的轨迹；使尺度更人性化以及视觉上恰当的比例；表明设计元素的变化或为各自的设计目的而进行装饰。

成功的铺地设计加强了一个地点的特征。它是更大的建筑单元、软质地面景观、城市家具、雕塑、喷泉和水池的一部分。铺砌区的特点部分是由使用的材料决定的，可以是砖、石板、卵石、混凝土或碎石(比兹利，1967)。边缘的细部也对决定硬质地面景观的特点很重要。其特征变化可以从路边种植树篱的乡村小径，直至设有排列整齐的路牙石的高度形式化的碎石路面。然而，材料本身并无单一不变的特性。地面景观的特点更多地依赖于对材料的运用、怎样设计以及铺地材料与其他材料和景观特点的相互关系。经过精心设计的地面景观可使一个区域具有整体感，否则整体感的缺失只会造成一群完全不同的建筑。锡耶纳坎波(Campo）广场的碟形步道承纳了广场的巨大容量，重复并强调

图5.15 广场铺地，代尔夫特(Delft)

了周围墙体的色彩。地面图案由排水管的走向决定，排水管从Communale广场呈扇形放射出去，直到立面华丽程度稍逊的曲墙（图5.14）。其他城市的传统部分也有全部而并非部分成为一体的铺地。例如，Dutch大街的砖砌人行道与周围立面的材料相呼应，连成一个整体，并与装饰意味浓厚的城镇景观风格一致(图5.15)。

关于步行街保留人行道是否合理的问题被提了出来。功能主义者的看法是:机动车交通从街道撤出就不再需要设置升起的路牙石及人行步道来分隔行人与机动车。从狭隘的功能主义者的观点出发，这一理由是有其合理性的。但是，这一设计方法忽略了增加街道线性特征的美学要求，这是一个重要的考虑因素。更重要的是，如果这一功能主义原则被采纳，会丧失与昔日保持某种联系的机会:关于昔日必然性的记忆轨迹被永远破坏。城镇和城市充斥着这种不合时宜、令人奇怪的特征，一些人认为这会使枯燥的都市世界失去乐趣。

人行步道的装饰图案在打破大面积硬质地面尺度使之成为更易处理的人性化的比例上，起着重要的美学作用，然而，在人行步道上运用铺砌图案形成适当比例时必须小心慎重，如处理不当，这种图案看上去会生硬而机械。由伯尼尼设计，作为罗马圣彼得大教堂周围环境一部分的奥伯利克（Obliqua）广场，其碟形铺地的主要效果不是靠装饰性的铺砌,而是靠广场环抱柱廊的壮丽与统率，靠中央的方尖碑及两侧的两座喷泉。面积很大的碟形铺地仅被八条以方尖碑为中心的辐射带所强调，不然，这大面积的区域只有铺地的石板赋予其比例（图5.16)。通常，石板铺

5.16

5.18

5.17

图5.16　罗马圣彼德教堂奥伯利克广场

图5.17　限定边缘的铺地图案，葡萄牙

图5.18　有象形图案的铺地，葡萄牙

砌有与人体尺度相关的天然比例，因而不需要另外进行图案铺砌以形成一定的比例。石板铺地的图案也许因为其他原因而必要，但很少是因为比例上的要求。碎石路或大片的混凝土地面常需要用某种铺砌图案划分。大片的碎石路面停车场存在尺度问题，如要使空间人性化，根据车辆占用空间的标准尺寸把大片停车区划分成小单元是必要的。点缀有适当植物的有图案的铺地，能把一处毫无生气的“废地”变成令人赏心悦目的环境。

在地面上通过重复或呼应设计元素的形状以取得与建筑立面

图 5.19 西班牙台阶，罗马

相似的风格，通过强调材料的变化和强化铺砌区域的边缘，能丰富地面景观。在上文中，已论述过立面与步行街交接处的细部处理。在雕塑基座周边、喷泉边沿、敞向种植林或软质地面的区域经常采用相似的处理手法。成排的卵石、花岗石板或彩色的砌块作为装饰的元素，使大片平淡的地面富有特色（图 5.17）。

最难进行分类、分析并提出设计原则的装饰效果，是那种似乎因纯粹装饰理由而存在的图案，它完全是“为了艺术而艺术”。如果采用的某一图案具有某种明显的象征意味，那么解释就变得简单了。在葡萄牙的塔维拉，毗邻战争纪念碑的人行步道的十字主题以及圣安东尼奥里亚尔（Villa Real de Saint Antonio）渔港人行道上的海洋生物图案，是此种类型的象征性表现（图 5.18）。在阿尔加维的城镇里，装饰效果得益于铺地材料的特点——一种黑白相间的 5 厘米见方的花岗石片。这种用在古克里特、希腊及罗马城市中的马赛克地面的小嵌块形成精致的铺装图案，确实当得起艺术家如此精心的设计。地中海地区古代地面的铺砌图案，兼具几何性与自然性的风格。地面装饰图案的丰富性不应那么轻易地被那些思想转向功能主义的设计师所抹杀，对他们而言，装饰只是没落的自我沉溺。设计者忽视地面设计由来已久，或偶然小心为之。地面是一处尚未开发的领地，等待设计师用于表现 20 世纪城市生活的最高水平。

标高的变化

罗马的西班牙台阶是一个富有戏剧性的踏步设计，它的水平高度的变化形成优美的轮廓，它把行为上的必然转化为令人愉悦的体验。它造型明快富于节奏变化的踏步形式，被弧形梯段交汇处的平台所打破，仿佛舞蹈者短暂的停顿，呈现给罗马人和参观

5.20

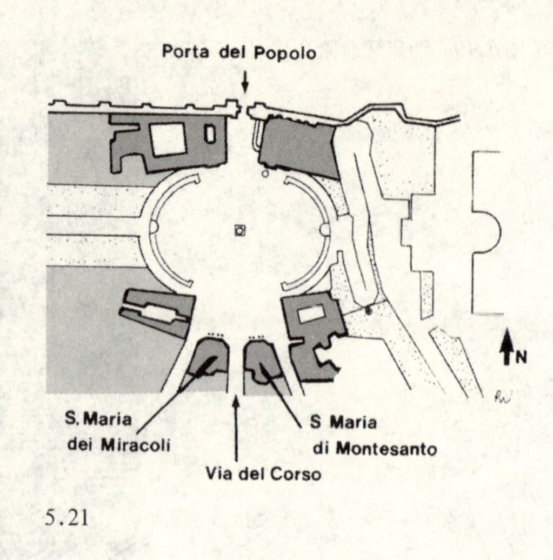

5.21

图 5.20　罗马市政广场踏步
图 5.21　罗马波波洛广场平面

者一处比例优美的舞台。这是一处可供儿童嬉戏、青年人谈情说爱、老者休息远眺的地方。这些以及其他活动都伴随设计而产生，它使在连续的梯段及流线形的反弧梯段上的垂直运动充满乐趣——这是它的主要功能，但西班牙台阶完美地达到了几个不同的目的（图 5.19）。

台阶、坡道、平台及长长的斜面与水平的广场形成对比，那里是休息、交谈和沉思的地方。通过对比，戏剧感得到加强。强调水平高度的变化，运用装饰性扶梯与坡道，使城市景观的特点与华丽得到加强，因此，它的确显示出舞蹈与戏剧的特点。昔日，台阶作为戏剧化的场景，是向人群演讲的地方。如今它是游人、乞丐及街上的小贩聚集歇息或进行买卖的地方，或者，像是在坎培多格里奥，作为观赏城市的一处高地（图 5.20）。

地面的主要功能是运用让正常人与残疾人都易于通过的方式进行标高的变化。老人、体弱者及残疾人会发觉西班牙台阶和国会山令人望而生畏。必须为残疾人在进行水平高度变化处理时做特殊安排。

在需要运用台阶进行高度变化时，台阶应与斜坡共同使用，以方便那些坐轮椅的人或推婴儿车的夫妇。台阶并不是进行地面高度转换的最方便的方法。坡道不仅对残疾人和推婴儿车的人是必要的，而且对骑自行车的人、对人车混行的步道同样必要。但是，行人的坡道应每 20 米升高大约 1 米，这是步行上下坡的最舒适的坡度（哈普林，1972）。除了上述优点外，坡道作为城市的装饰特征也有很大潜力。它建立起与梯道完全不同的审美体验，它赋予连续的垂直运动以更持续的特点。与梯段不同，坡道不能提供站立、休息及在两段踏步之间的平台上向四处眺望的可能。运动的流畅性，在联系罗马波波洛广场与Pincio花园的长而弯曲的坡道中被完美地体现出来(图 5.21 和图 5.22)。

图 5.22　罗马波波洛广场

软质地面景观区域

所有铺地表面均需排水。大的铺地表面，如锡耶纳的坎波广场以及罗马圣彼得奥伯利克广场均为碟状，富有戏剧性地凹向雨水排放口。即使小面积的地表面也有排水管或排水箅子，这些可成为城市环境中极富装饰性的特征。然而，城市排水系统是一项重大工程，亦需要很多花费，常常需要进行工程设计。另外，通常的河道改造及涵洞工程意味着失去亲近自然以及用富有装饰意味的河岸步道装点城市的机会。自然区域在城市水循环及野生动物保护方面扮演着重要角色。自然开敞空间，其地表具有渗透性，可减缓雨水流失速度，有利于改善水文环境。增加可渗透性地面区域可减少对排水管道的需求，只有因大面积的城市不透水地面造成水位变化难以控制时，才要增加排水管[埃尔金(Elkin)和麦克拉伦（Mclaren），1991]。运用能承受荷载的透水材料作硬质地面对减少水流失是有益的，这类材料尤其适用于停车场。

目前城镇中硬质不透水铺地占主导地位，城市气温升高及湿度降低的部分原因应归结于此。小气候的改变反过来使依赖空调人工控制室内环境的需要得以增加。楔形景观绿地把城市外围与市中心联系起来，与广场、屋顶及私家庭院中的绿地共同作用，能改善当地的气候条件。城市“绿肺”能降尘、增湿并调节建筑环境的极端温度。大多数英国的城市中经过景观设计的开敞绿地以经过刈割，并用化学方法处理使之减速生长的草地为主，间有几棵古树点缀。较差的地面景观通常是由财政税收紧缩造成的，那是不为人们喜欢的生着蓬乱杂草的自然环境。许多英国的公园是国家历史财产的重要组成部分，但很少能筹到资金用以维护和修复。作为城市遗产的市政公园来自前代父辈们的捐赠，这对美化英国城镇是一个有益的贡献。例如，蒂都斯 · 萨尔特（Titus

图 5.23 草地，芬斯伯里－瑟克斯(Finsbury Circus)，伦敦

Salt）先生，他建造了一座名为萨尔泰瑞的小镇，这座小镇当时完全被农田包围，但仍然包括一座小型市政公园作为开发的一部分。

草 坪

传统的休闲景观设计包括大片的平整草地，对它的维护要比其他类型的地面景观昂贵得多。以大量本土自播种植物为主形成的当地地面景观，在建成和维护上是最便宜的。自然地面景观设计如要形成新的植物群落以模仿当地自然植物景观，将是这三种地面景观中修建费用最昂贵的，但在维护上比供休闲的地面景观要便宜(埃尔金和麦克拉伦，1992)。资金因素，尤其是逐渐增加的维护费用并不是建设本地自然地面景观的惟一理由，更大的理由是，它们在城市开敞空间构成中有其特定的地位。类似地，传统休闲景观设计也不应因相对较高的维护费用而被排斥。草坪、色彩丰富的花床以及修剪整齐的灌木为多数居民所喜爱，是重要的城市休闲去处，在美化城镇景观上起着极为重要的作用。

小块的草坪尽管看上去漂亮，但不应用在因位置或面积不当可能会导致过度践踏并最终衰败的地方。如果没有大量精心的养护和足够多的“禁止进入草坪”的警示牌，将无法防止一处位置不恰当的草坪的衰败。一块纺织精美的波斯地毯也许会呈现出褪色的华丽，但一处过度践踏的草地则没有那般迷人。小块的草地一定要用在有严格管理的私家庭院或半公共空间中。剑桥校园里因社会舆论的维护而没有被过度践踏的整齐的草坪，以及伦敦广场上被栏杆围起的花园，这些都是城市中运用草坪的成功例证

(图5.23)。城市中草坪区应足够大,以容纳可能的践踏带来的影响,并应根据行人希望的行走路线布设足够多的小路。草坪与步道之间的边缘处理从装饰与实用观点来看都是重要的,供人行走的小路中间的平坦区域应当用几排卵石镶边,或使用类似的有警示作用的材料,以起到视觉上的约束作用,草坪的边缘要比卵石平面高出5—10厘米,以利于修剪。对多数市民而言,设有大量步道、带有花床的公共草坪是他们最常与美丽而富有装饰性的城市相联系的纽带。

软质地面景观中需设紧急通道的线路,可由为支撑应急车辆通行而设计的预制板铺成,这种板面仍可保持草地覆盖的效果。消防车道由预制的中空混凝土板铺成,中空处填充土壤,用以种草。这种板可自行排水,其75%的表面可植草。这种板虽然昂贵,但能用于停车场,以减少碎石地面的面积。

地被植物是比草皮更昂贵的地面材料,但一旦建好,它不生杂草并仅需少量的养护。作为地面材料,它尤其适用于那些不易接近进行刈割和维护的区域。即使在英国的气候条件下,地被也需要靠近给水站。植床外的植物大概对纳税人与参观者都有明显的吸引力,但养护费用很高,地被在这些地方是软质地面景观设计的理想形式,如设计得体,它能成为可接受的传统花被的替代品。

小　结

地面是城市中能迅速跃入行人眼帘的部分。它在脚下被感知,可从近距离观看,雨水从地面溅起,热气从地面升腾,因此,它的设计十分重要。铺地的选择必须与其用途相适应,并要满足基本的舒适功能。所幸的是在能满足功能要求的地面材料中,不论是硬质的还是软质的,都能形成有趣而富有高度装饰性的图案,而其他的审美功能及符号功能也拓宽了设计师对城市可能的装饰范围。

第六章　地标、雕塑与陈设

引　言

城市美化主要由两个方面构成。首先是围合出街道与广场网络的二维平面设计与美化，这一方面已在前面章节中探讨过。这一章我们研究城市美化的第二个方面，即三维物体的设计和使用，既有建筑物和城市主要的纪念物，也有更为实用的街道陈设。第一类装饰，即城市空间，在林奇对通道和节点的定义范围内。第二类装饰，在城市空间中的主要的三维物体，最合适地满足了城市地标(林奇，1960)的定义。这两类特定的装饰要素间的差别不是排他的，而且两类间的界限也并不明显。例如，地标可采用表面独特处理的墙的形式，在那里两个面会合成一个拐角，或者街道立面的屋顶线以一种独特的、戏剧性的式样结束。相反地，城市通道和节点常常由三维物体来丰富，其中部分充当地标。

地标可分为两类。一类是从受限制的位置才可见的纯粹局部地标，它是我们提供给陌生人引导方向的参考点。它们是“数不清的招牌、店面、门把手以及其他城市细部，它们充实了大多数观者的印象”(林奇，1960)。没有这些丰富的局部细节，城市景观将会大为黯淡。另一类地标具有全城范围的相关性：它是一个由大量人员共享的主要参考点。所有的地标都具有相似特性。同街道或广场不一样，观察者是不能进入一个地标的；它们是外部性的，并且通常是一个简单限定的三维物体，如一座塔、一个穹顶或一个山峰。感觉上，地标的形式是可以从具有重复细节的背景景观中区分出来的一个或一组连贯的元素。从一段距离和许多角度观看，典型的城域地标通常是高于其他建筑顶部或在较少的建筑中间。这两类地标在为观者提供一幅刺激的画面，以及在帮助阅读并理解都市领域方面都是重要的。除了这些实用性原因之外，地标在产生可记忆的城市景观方面也有重要使命。地标的使用给设计者提供了一个用一套复杂的城市装饰系统改变城市的机会。地标在建立一个地方印象方面的装饰性角色，正是本章所关心的。

地标的类型学

图6.1 石头城堡，诺丁汉

用物理术语来说，地标有两大类：一类是自然的，如树木、山峦和崖壁，以及那些被建作人造环境的一部分。另一类地标很自然地是建筑物或建筑物的一部分，以及非建筑物或城市陈设。这两个分类又可再分。建筑物可以是相连或分离的。城市陈设也可以是单一的、一次性的元素，如一个大雕塑；也可以是重复的，即多个元素，如独特的街道照明系统或同集镇和城市某区段相关联的特定风格和类型的招牌。

作为装饰性要素的自然特征

在乡村或自然景观中形成的独特特征，如凸出地面的石头、单株的树木或让人联想到人形的山坡，充当了地标和定向的参考点。在更小、更亲切的尺度上，当地的自然特征，如泉水、植被种类的更换，或地质结构的明确变化，都可能为意象的建立提供重要线索。更经常地，这些当地地标展示了人对自然干预的证据——一个十字路口、毁坏的村舍或古老的石头圈。城市，这个大型的人造景观，虽然不再由古老的乡村传说所构建，但在人们知觉的组织和意象的建立中，仍保留了作为更古老的定向系统的元素。地标可能就是这些来自过去的回忆中最为重要的因素。街道地图、地下或地铁系统的图纸，或许是城市中高效现代化运转所必需的，然而，对于同环境之间令人满意的关系来说，更古老的思路仍是重要的。出现在城市组织中的自然地标，行使了将人与其当时的环境相联系的职责，而更重要的，是将它联系到其深深涉及的历史中去。这样的特色很珍贵并需保护。诺丁汉有幸拥有一个巨大的外凸石丘，上面坐落了一个从建筑上看很平常的城堡(图6.1)。城堡所在的石丘上，散落着坑穴和塔楼；城堡有一段同现在已是暗渠的令河(River Leen)相联系的漫长的定居的历史。因为它与诺丁汉的成长和发展的长期联系，城堡在城市生活中已成为一个重要象征、一个历史性地标。不过从视觉角度看，在远处时正是城堡表明了下面石丘的存在。相同的效果在其他城市也可看到，布拉格和布达佩斯的城堡就是典型的例子（图6.2)。爱

图6.2 城堡，布达佩斯

丁堡城堡(Edinburgh Castle)上跃现的外凸石丘，作为自然地标可能更为有名。到爱丁堡去的游客沿王子街走下去，为见到城堡做了充分准备，但可能没意识到它在城市景观中全然的控制作用。自然地标的另一个例子是法国的圣米歇尔峰(Mont St Michel)的石头，尽管在这个例子中，地标已被拉伸或延展了自然石头形状的人工建造活动大大地改变了。

用作本地地标的或处于其紧邻而被我们组织进去的自然特征，包括河流、树木、当地的开放空间和灌木丛林地。城市环境的一个重大损失就是将许多曾经在景观中奔流的小溪改为暗渠，它们现已被城市土地利用所侵占。暗渠化的做法增多，是因为城区中溪流的严重污染。现在对许多失去的、流淌在城市街道下面混凝土管道中的部分河流，考虑采取反暗渠化和自然化或许是最合适的了。这个过程将还给环境某些它业已失去的视觉和知觉的丰富性，它也有助于逆转如下过程：城市中浪费的一次性地表水的使用、降低地下水位、损害地下蓄水并增大污水处理量及相应费用。

自然植被，由于其在城市中的日渐稀少，在居民尤其是孩子们的知觉印象中常常是重要的。甚至最破败的荒地都能成为宝贵的地标。在诺丁汉，植物园既具有高度装饰性，又是重要的自然地标，它是19世纪公园的一条狭长用地，蜿蜒向北延展穿过了城市主要干道。另一个自然地标可在巴斯找到：圆形剧场中央的大树可能不是伍德设计的一部分，但正是树而不是精致的圆形剧场成为了地标。任何妄图去除这些树而将圆形剧场恢复到它18世纪的辉煌的建议，都不仅会引来公众的强烈抗议，而且还会导致失去高度装饰性的地标。

作为装饰性要素的建筑物

最普通的地标类型是建筑物或是像穹顶及尖顶那样的建筑物顶部。因为建筑物如希望将自身嵌入城市景色中，并进而映入观

图 6.3　悉尼歌剧院

察者的眼睛，它必须主宰周围的建筑形式或跟它们形成强烈对比。这些地标通过其规模和形式，成为城市主要的装饰性要素。特定的建筑物常提供可记忆的意象，一些城市通过它们被识别。例如伦敦的圣保罗教堂、罗马的圣彼德教堂和悉尼的歌剧院(图 6.3)。这些建筑物就这样成为了城市的纪念物，在城市中扮演了装饰和功能的角色而不仅仅是装饰自身，并通过这一特性，充当了主要地标。不过作为地标的建筑物，可能仅仅只是装饰性的。例如瑞纳尔第(Rainaldi)的罗马波波洛广场的孪生教堂，就明显是不必要的装饰，正如艾伯克若比(Abercrombie,1914)指出的：一般说来教堂是最后成对生产的东西，就像瓷花瓶，过去的建筑物很少有资助者具备足够的社会、政治、宗教地位或影响来建成这样的城市纪念物的。结果是一旦出现这样的建筑物，往往成为给城市以秩序的主流政治、经济或宗教建筑的代表。在现代化时期及城市规模大幅扩张之前，这些对权力的宏大的个人表达，也提供了周围城市建筑物一个重要的视觉对应点，它通常以更大程度的统一性为特征。在这更为平凡的城镇风景中，巨大的城市纪念物成为那些占有并使用城市的人们的灯塔，尽管城市景色的大的改变是现代化发展带来的，但过去的宏大建筑仍保持了它既作为地标、又作为主要城市装饰物的恰当地位。

当一些宏大的建筑物充当城市主要的地标时，常常正是它们的设置决定了其装饰效果，增强了对城市的展示，也加强了对城市的意象。宏大建筑有两种宽泛的城市布置类型。第一种是乡土的或有机的城市建筑传统，西特（1901）曾写到过；第二种是纪念性的宏大的城市性设计方案，这是受西特强烈谴责的。在这两种传统中，作为地标的建筑物与另两个重要的知觉化结构性要素——节点和通道相关。

图6.4　奥塔考清真寺，伊斯坦布尔

城市广场设计已由芒福汀(1992）给出。而本章关注的是为某一建筑设置的广场，该建筑也是重要的城市地标。佐克(1959)将这样的纪念性建筑和它所关联的城市空间的关系确认为一种原型形式，将其归为“受控广场”。受控广场由一个单体构筑物或一组建筑物划定出来，开向这些建筑的开放空间具有方向性，而且周围的构筑物都与它相关联。这个控制性建筑可以是一座教堂、一座宫殿、一个市政厅、一个剧院或一个火车站。西特对城市空间的分析中包括两类广场，这与佐克的受控广场相似。西特(1901）以“深”的和“宽”的来区分这两类广场，两种类型都受一幢建筑支配，建筑的比例由空间的形状反映出来：例如一座高的教堂面对一个从正立面后退的纵深空间，而一座长长的宫殿将面对一个和宫殿主立面比例相似的宽广空间。西特理想的城市场景中，窄小的、景色如画的街道网络，无论从任一个随意但隐蔽的角度进入广场，观赏者立即就明晰壮丽的主建筑。正是在这座主体建筑上，大部分丰富的装饰都使用了。类似效果在更正式的城市建筑群中也可见到。在凡尔赛的曼萨德(Mansard)宫，面向广场的主街方向常建立起对着主导性建筑的轴线。佐克(1959）曾注意到，主导性构筑物和周围建筑物的景象产生了广场的空间性张力，迫使观赏者走向并关注焦点建筑。主体建筑主立面上的装饰，加强了这种注意力的集中，地标在市民和访客的心中彻底建立起来。

服务于城市并使之成为一个整体的地标，有时甚至控制着周围地区的天际线。例如，Lincoln的大教堂，它坐落于城市的最高点，不仅支配着周围的区段，而且也将它自身融入了周围的景观中。有关城市天际线装饰的重要性的论述，已在第四章概括了，下面我们进一步讨论一下。作为地标的建筑冲入天际线，反过来，它与周围建筑物在大小、规模和形式上鲜明的对比也装饰着天际线。在伊斯坦布尔，清真寺不仅装饰了天际线，而且也充当着地标。有六座长尖塔环绕穹顶的蓝清真寺(Blue Mosque)，穹顶占据了尖塔所限定空间的四分之一，清真寺是占据了拜占庭帝国竞技场中心的壮观的纪念碑。法蒂赫区和苏里马尼耶(Fatih and Suleymaniye)清真寺也起到同样效果，而奥塔考(Ortakoy)清真寺则是水边的洛可可宝石（图6.4)。

一座安置在受控广场端部的建筑，可以与周围的建筑物分离或相连，成功地与侧翼建筑物相连，不会削弱地标的主导性、独特性和明显的视觉独立性。为了突显其独特性，一般采用与周围建筑分开的方式。下面将关注那些编织进其他建筑的网络中的地标。这样的建筑或其中一部分，常常只具局部的重要性，但它们对所作用的城市环境的丰富性与多样性来说，是至关重要的。它们为细致而独特的装饰处理提供了机会。

局部地标通常和构成城市意象的道路网络相关联。街角，即两条道路会合并可能形成社会和经济活动的节点，最有可能发展成为地标。街角的形式，已在第三章讨论过了，因而这里有必要强调一下——最可能借以生成地标的街角形式，是那些具有视觉上的独特造型的。为此目的打破屋顶线的塔状拐角，即产生一个可从邻近建筑中清晰辨识的形式。另外，如果拐角的建筑处理是高度装饰性的，并且和相连的墙体很不相同，那么产生的将是一个对观察者眼睛和心灵有强烈冲击的印象。融入背景建筑的拐角类型，比如曲线的拐角，或者那些没有积极的视觉表现的角，比如尖拐角，因不易进行有特色的装饰，是无助于形成地标的。有高高穿出屋顶轮廓线塔的街角，就是易于形成地标的街角类型，不过为了获得最佳效果，必须小心使用并留给它特殊位置。

开发商和建筑师看来已重新发现了街角，最近许多城市开发中以华丽的装饰展示了建筑转角——跟大量整洁却无特征的尖角形成了强烈对比，这些尖角是20世纪五六十年代的更无法辨认的城市建筑的缩影。然而在装饰上新发现的趣味是受欢迎的，但如果在每个街拐角重复产生这样的丰富性，那将导致一个令人眼花缭乱、理不出头绪的繁杂城市景观。过度地对街角使用装饰，事实上可能削弱它作为地标的影响力。那么哪里该使用高度装饰性的街角呢？亚历山大（1987）建议道路应该每隔300米用节点强调。这节点似乎是地标的合理位置，特别是如果它标明两个以上重要道路的交会处时。对道路的主要网络来说，采用给出趣味点、并为定向提供建设性线索的方法做调整是重要的。对装饰性街角来说，地标设置得小于三条或四条街远近的位置似乎也是不适宜的。沿每条主街或通道大约100-300米的距离就有一个塔状街角有成为地标的机会。其余的街角的外角就应该少做装饰，以有利于清晰地产生一个强烈的城市意象。

作为装饰性元素的非建筑物

在较小的尺度上，也有独立的三维装饰性元素，比如方尖碑、喷泉和雕塑，它们装点着城市。这些元素中的一些要么足够大，要么很特别而可充当地标。拿诺丁汉来说，市政厅前的狮子或维多利亚中心的水钟所在经常是青少年会面的场所，因而它们构成了这一人群脑海中的城市地图的重要特征。

在佐克的第二分类中，他指出纪念物的设置能在它影响范围之内对在它周围的重要场所产生足够强大的冲击力（1959）。他的核心广场的原型是和被其中的纪念物的"磁力"紧密联系的城市空间相关的。尽管这一空间类型在他的类型学中是最复杂的概念，但他指出所谓核心广场的美感并不比闭合或称为受控广场的自足空间弱。独特的空间能留下印象。对这样的空间的感受很依赖于核心，如纪念碑、喷泉、方尖碑或者是巴黎星形广场上的凯旋门这样的强烈的垂直要素，它的力量强大到足以组织围绕它的空间。这一垂直的强音使得外围的异质元素被拉入一个单一视觉单元。如佐克所说，这样的空间统一是不会受总布局上任何非常规处理或相邻建筑物的偶然位置、大小或形状损害的：空间感受中的惟一决定性要素是中心纪念物的力量、大小和规模。如果和焦点纪念物相关的广场的尺寸太大，那么广场就会失去它的统一性。对焦点纪念物而言，空间太大的一个例子是特拉法尔戈广场(Trafalgar Square)，它对充当强大统一核心的内尔森柱(Nelson' s Column)来说，无疑是太大了。

很少有自发性的纪念物能足以产生围绕着它们的重要城市空间。大多数城市陈设是与城市的街道与广场相协调的或相应地增强它们的。一些重要的城市陈设可能成为了地标，但是，毫无例外地它们都是用于装饰城市的。城市设计的一个重要方面就是用合适的装饰物装点主要的城市空间：部分地看，城市设计就是装备城市的艺术，并如前述，所有的开发都应被当成装饰城市的努力。一些装备方式，如雕塑或喷泉，可能是纯装饰的，而另一些如路灯和座椅或许有着重要的实用功能。以下段落的重点放在这些装饰性元素的总的物理分类上：关注的是它们的属性和摆放而不是细部设计。

城市纪念物的几何化布置

在高度几何化或纪念性的城市设计方案中，独立的三维元素被用来有力地表达、强化和强调整体设计。它们的位置主要取决于布局的几何特性，就对称布置来说，特别首要的是构图的主轴线。如莫里斯（1972）指出：在文艺复兴和巴洛克时期，几个控制性的设计考虑决定了所有受其影响的乡村城市化的总的状态。亟待考虑的是：(1)能产生关于一条或多条轴线均衡构图的设计元素的对称性；(2)通过在长而直的街道末端仔细放置纪念性建筑、方尖碑或适宜的壮丽雕像而形成的闭合对景；(3)常常通过重复一个基本立面设计的方法，把单体建筑物集成到单一的、连贯的、建筑化的整体中去。

假如在纪念性方案设计中有一个成规，就会出现一个对任何城市纪念物来说都无法避免的位置。1589年在波波洛广场竖起的方尖碑就是这个必然性的例子，方尖碑定位的根据是三条进入广场的放射状道路中第三条路的规划。这第三条“新”路，叫做巴比您诺路(Via del Babuino)，被精心地设计成对着既存的瑞派特(Ripetta)路和弗拉敏尼亚(Flaminia)路，以形成汇聚点。在这个汇聚点立起了方尖碑。其他街的实际角度就没有对弗拉敏尼亚

图6.5　巨门，巴黎

路精确的对称性，这可由瑞纳尔第(Rainaldi)的两个表面上相同的教堂的设计中显示出来。一个教堂是圆形平面，另一个是椭圆平面，两者都被放在了两条街之间的夹角里。在这个方案中，为使方尖碑位于明显必然性的位置而未顾及基地的不确定性。

不过，纪念性布局中明显的几何确定性在城市纪念物的布置上也常常有着自身的缘由。往往正是充当着“不可避免的”布局诱因的纪念物选址成了其最终结果。比如，教皇西克斯图斯五世(Pope Sixtus V)在1585–1590年期间，在罗马放置了四座方尖碑：一座在后来的波波洛广场；一座在紧靠大圣玛丽亚（Santa Maria Maggiore）西北的斯特拉达·费利亚（Strada Felice）；一座在拉泰拉诺（Laterano）的圣乔万尼(San Giovanni)教堂前，最重要的一座在当时未完工的圣彼得大教堂前。因此，圣皮丘广场(Piazza di San Pietro)中的方尖碑就被放到了伯尼尼为大教堂（建于1655–1667）设计的前院大平台前。在布局准备中，伯尼尼不得不将西克斯图斯五世于1586年所立的中央方尖碑和马德纳(Maderna)于1613年（莫里斯，1972）所建的喷泉结合起来。伯尼尼赋予这两个城市纪念碑以一种后理性化的必然性是可以商榷的。如莫里斯所述，西克斯图斯五世用于开发其罗马计划的时间太少。方尖碑需要很大精力才能竖立起来，不过它们倒是实施他意图的有效工具（培根，1975）。他们为开发树立了一个关键实体，它是后继的城市设计者们不愿或不能忽视的。纪念碑的位置决定了总体布局的必然性。这一系列事件阐明了培根的第二人原则：“正是第二人决定了第一人的创新将是发展下去还是毁灭掉。”

正规的纪念性方案，如果它们是为了人的尺度，就不应该包括超过1500米的轴线对景。在这一极端距离上“轴线的终止”需要一个巨大体量的纪念物。用一个尺度上如巴黎凯旋门的纪念物去终止那些自它向外成功地放射出去的林阴大道是必需的。对这些有着各种方向的对景来说，用像巴黎巨门(Grand Arch)(图6.5)这样的建筑去终结是更为通常的做法。所有像凯旋门这样的建筑物是非常重要的，并有着高度装饰性的视觉提示作用，或者是城市结构中的地标建筑物。不过，按亚历山大的建议，一条路每300米设一个节点，1500米的长对景需要一系列小的视觉事件，即活动和装饰趣味两方面的峰值，来点缀它的长度。有时在纪念性布局中缺乏的正是局部趣味这一丰富性。

城市纪念物的有机布置

在用三维装饰性元素丰富整体的纪念性城市设计的传统中，这些元素有机且自然的布置总是不乏精心和巧妙。西特发现的艺术原则为：

不可理解的位置选择一旦作出，就必须赋予其引导出这一选择的美好感受，正如米开朗琪罗的大卫像这一例子中所反映的，因为万事万物都是美妙地互相协调的。如此，我们就和一个神奇的事物在一起了——一个天生的神奇之物，一个毋须诉诸于狭隘的美学教条或乏味的规则就能帮助以前的那些大师们创造出如此明显奇迹的本能的美感。然而我们这些后来的人，带着丁字尺和圆规跑来，以为能用笨拙的几何学解决那些实质上是纯感性的精美定点（Collins and Collins，1986）。

西特建议喷泉及其他趣味焦点的位置不应几何化地确定：它们应该是由创新的感性——这只看不见的手指引的艺术活动的结果。

在20世纪最初的10年，阿谢德的文章总的来说似乎是赞同西特的观点的，抛弃所有为主要公共纪念物选址的形式上的成规概念："为在城镇中放置塑像而设置严守的规则条例，将会剪掉想像力在大多数奇妙飞行历程中的翅膀；但如果那些原则不能在它们指导安排和布置的地方被提示出来，就将会导致放弃对无常古怪变化的明智批判。"（阿谢德，1912d）。

不过，西特不反对因为期望推导出一套指引城市设计者的总原则而检视那些有机定位纪念物而成功的组合，他还在书中用一章篇幅专门讨论这一问题。比如，他为纪念物的放置导出一个普遍性原则，引用对孩子们堆雪人的分析，指出他们不会把雪人建在穿越雪地的路上，并把那些路比作穿越广场的道路："设想乡村小市镇的开敞广场覆盖了厚厚的雪，被交叉穿越了几条路，其形状由人流量决定，形成了自然交通的线条。在它们之间留下了未被交通触动的不规则分布的地块……正是在这些未被运输工具干扰的点上，立起了老社区的喷泉和纪念物"（Collins and Collins，1986）。西特支持这一观点，指出：在中世纪和文艺复兴时期城市的景色和速写中，广场大多数未进行铺装，地面也很少是拉平的。这使西特思考，比如，当要安放一个喷泉时，它不该放在车轮轧痕的中间，而要放在任一个在交通线之间的不受干扰的地块上。以后当社区变得越来越大、越来越丰富时，广场就可以分级并铺装，但喷泉将保留在它原来的位置。即使喷泉在后来的日子被替换了，新喷泉很可能还是保留在同一位置。

关于城市纪念物的有机位置的最好例子之一，是多纳太罗(Donatello，意大利雕塑家、文艺复兴风格的先驱者，代表作有青铜雕像大卫)做的戛塔马利塔(Gattamaleta)骑士像，在意大利帕多瓦(Padua)的圣安东尼奥教堂前。如西特描述的：

它非凡的、完全不现代的位置不太可能被推崇为典范。首先

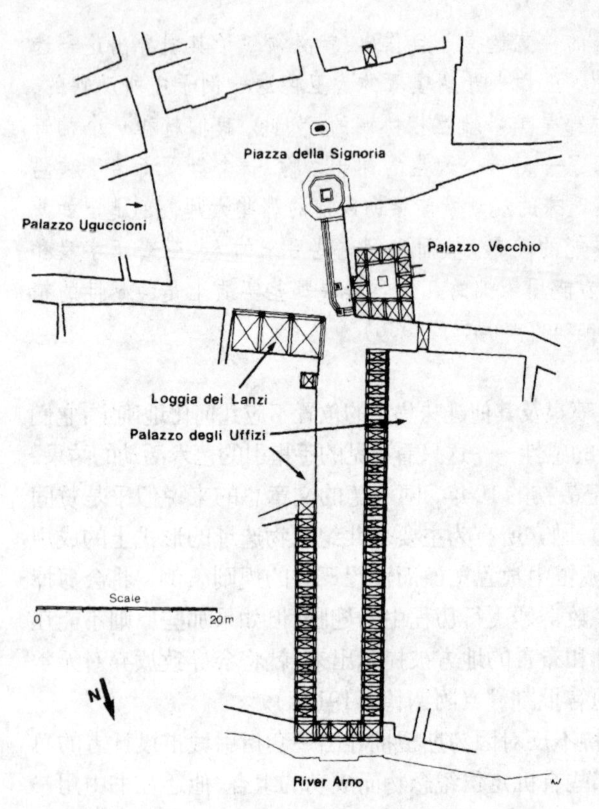

6.6

6.7

图6.6 西挪瑞亚广场平面，佛罗伦萨

图6.7 西挪瑞亚广场，佛罗伦萨

人们就要被它有违于今天不变的、而又是完全可接受的安放方式所震惊。然后人们注意到纪念物放在这个不寻常点上的绝妙效果，并且最终清楚地知道如果纪念物放在广场中心，效果将不会这么好。一旦偏离中心能被接受，剩下的就很自然了，包括此例中跟入口街道有关系的雕像的朝向 (Collins and Collins, 1986)。

有机的、一件件累积的雕像的最好最有感觉的例子可在佛罗伦萨的西挪瑞亚广场(Piazza della Signoria)上找到。这里的雕像和纪念物帮助眼睛在“L”形的广场上形成两个互为渗透的空间：

主广场形成两个独特、但互相渗透的空间，它们的边界由雕像形成的视觉屏障限定；米开朗琪罗的大卫像、班蒂奈利(Bandinelli)的赫克利斯和卡克斯组像、多纳太罗的朱迪思像、阿马纳提(Ammanati)的奈普顿大喷泉和乔万尼·达·博洛尼亚(Giovanni da Bologna)的科西莫·美第奇骑士像。用这一手段，一个无形的中世纪的空间被转换成两个比例上更与文艺复兴观念相对应的空间。这一过程开始于1504年，即把米开朗琪罗的大卫像放到宫殿入口的左侧的时候，这是许多专家做出的决定。1594年将骑士像安排

图6.8 圣提斯玛·艾嫩兹亚塔骑像，佛罗伦萨

到构想中的两个广场的分界线上的中心点，雕塑线就完成了。雕塑线平行于凡珂府(Palazzo Vecchio)东立面，延续到天主教堂穹顶，那里巧妙地放置了奈普顿(Neptune)喷泉，以45度角对着充当两个空间轴的支点的宫殿的转角（西特，1901）（图6.6和图6.7)。

西特关于雕像、纪念物和喷泉放置的观点，是对他那个时代沉重的新巴洛克和学院派形式主义盛行的反动。这一形式主义的结果是对轴线平面和长对景的徒劳坚持。西特声称，把某物完全置于一个广场中央的冲动是当时那个时代的“痛苦”。不过，克里斯托弗·亚历山大(Christopher Alexandre, 1977) 就桌子作了个分析：“想像在你房子里有一张桌子。告诉你将一支蜡烛或一盆花放到中间的本能的力量，并考虑一下一旦你这么做之后效果的力量。很明显，这是个有着深意的举动；很清楚，它是和中央或边缘的行为没有任何关系的。”不过，亚历山大承认效果可能是纯粹形式主义的：“全然的事实是桌子的空间给定了一个中心，中心点组织了围绕它的空间，使中心点明确，使它大体静止。同样的情况也发生在院落或公共广场中。”然而亚历山大的说明性模式基本正确地保留了西特的观点：“在两条穿越公共广场或院落或是公共地块的天然道路之间，选择某物粗略地放在当中：一座喷泉、一座雕像、一棵树、一个带底座的钟塔、一座风车、一座音乐台，使之成为某个给广场带来强而稳的脉动的东西，驱使人们去向中央。将它正好留在它所在的两条路之间的地方；抵抗将它放在正当中的那种冲动。”

阿尔伯特·皮茨(Elbert Peets, 1927) 在他对西特作品的评述中，减轻了他对将公共纪念物置于公共场所的中心以及形式构

图6.9　康斯坦丁拱门，罗马

图的轴线上的坦率指责。皮茨认为西特对城市景观的画面品质的偏好，使得他不能容纳在文艺复兴期间如此布置的理由。按皮茨的看法，根据视觉规律，文艺复兴的设计者将喷泉和纪念物设在建筑轴线上是为了观看者可以测量他自己与所接近建筑物的距离，进而对区域的范围和建筑物的尺寸有一个生动的印象。不过，皮茨的确同意西特的观点，建筑的中央或建筑任何其他特别装饰的部位不应被纪念物阻断。按皮茨的观点，这样的纪念物不仅会阻挡建筑上着重强调的部分，而且这些装饰还将成为对造型精巧的装饰来说是贫乏而含混的背景。

在考虑一定范围内的城市纪念物的特定选址要求之前，有必要总结一下由西特勾勒、并由其追随者修订的有机布局的一般性原理。第一个原则是纪念物需要一个中性背景："在这个例子中，过去和现在的决定性的不同是我们总要为每一小雕像寻找一个尽可能壮丽的场地，这样做会削弱而不是增强它的效果，本应是一个中性的背景，就如肖像画家在这种情况下会为他的肖像所选择的那样"（Collins and Collins，1986）。第二个原则是纪念物必须放在不与交通活动冲突的区域内："在公共广场边缘放置纪念物这一古老法则，是和另一个法则联系在一起的，正当中并适当地往北一点：将纪念物尤其是市场喷泉放在广场未被交通触及的位置点上"（Collins and Collins，1986）。第三个原则，也是使后来的作者感到有点矛盾的，即广场中央应该为各种和广场相关的活动留下空间。或许这一原则能被以下建议调节一下：在某些空间，中央是建雕像或纪念物必然的位置。当然，最好的例

图6.10 玛伯尔凯旋门，伦敦
图6.11 城门，约克

6.10

6.11

子是罗马坎皮多利奥的马库斯·奥莱欧骑像的定位。其他有名的例子包括南锡城斯丹尼斯拉斯府(Place Stanislas)的斯丹尼斯拉斯像和佛罗伦萨安农齐阿(Santissima Annunziata)教堂轴线上的费迪南大公(Grand Duke Ferdinand)骑像（图6.8）。可能没那么有名的是葡萄牙维拉瑞尔(Villa Real)主广场中央的纪念物。这里铺地的重复图案将目光吸引到中央以及那根与坎皮多利奥骑像同样式样以加强广场空间效果的竖柱上。

作为装饰元素的城市纪念物

在1911-1915年的《城镇规划回顾》(Town Planning Review)中，阿谢德撰写了一系列关于城市装饰和陈设的文章。阿谢德讨论了他称之为"我们用以装点我们公园和城市的非实用装备"，比如纪念性拱门、喷泉和装饰钟。此外他还讨论一些设施："它们在功能方面非常实用，如悉心设计、仔细布置，就能大大地赋予街道以庄严和美丽。"这些实用设施有灯柱、高杆照明灯柱、旗杆、雨篷、避难所和保护站，还有树木。其中许多都是那个时代的城市中汽车或其他机动运输机具广泛普及的结果。

纪念性拱门

纪念性拱门有三种主要类型。最有名的一种是罗马凯旋门，尽管有梁柱形式的相似特征可回溯到法老时代的埃及，但其主要源自罗马。第二种是用作门户的拱门：不过它常常主要是城市中的防御性构筑物。对这一城市的建筑特色来说，另一欧洲传统的体现是中世纪有城墙的城市。第三种纪念性拱门是为庆祝特定事件而建造的临时构筑物。

"凯旋门"作为欧洲城市的一个特色，有源自古罗马世界的形式和布局（图6.9）。它树立的原因是纪念征服、殖民和战争胜利。它也被用作纪念伟大的工程和建筑业绩。用作任何这样目的

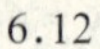

6.12

6.13

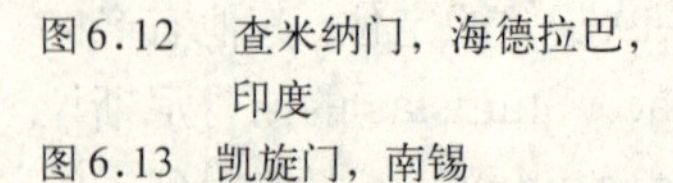

图6.12　查米纳门，海德拉巴，印度

图6.13　凯旋门，南锡

的拱门通常都放在大街或重要道路的终端、山顶、聚会场所或节点，或在某些宏大建筑或像桥之类的工程构筑物的入口处。

阿谢德（1911a）提到，罗马的纪念性拱门是被当作雕像和浮雕的基座的。最早的纪念性拱门有一个开洞，后来发展到现在熟知的这个形式：一个大的中间拱，侧翼两个小的附属拱。单拱凯旋座(triumphal pedestal)形式的最佳范例见于为庆祝港口重建而在安科纳(Ancona，意大利东部港市)修建用以纪念图拉真(Trajan)的那一个。三拱凯旋门的优秀范列是康斯坦丁(Constantine)拱门和塞普提默斯·塞佛鲁斯(Septimus Severus)拱门，二者都在罗马。到目前为止，大量的罗马凯旋门由一个中拱构成，其他部分的表面大部分饰以浮雕。凯旋门的顶部通常有表现战功的雕像和大事记。整个凯旋门原本是用来记述历史事件的，它们提供了一个用辉煌史绩装点城市的机会。在罗马凯旋门传统中更近一点的最有名的例子之一是巴黎凯旋门，它矗立在星形广场以纪念拿破仑的胜利。在英国，凯旋门的最佳代表是由戴西默斯·伯顿(Decimus Burton)在宪政山(Constitution Hill)上建的凯旋门和玛伯尔凯旋门(Marble Arch)，二者都在伦敦（图6.10）。路提恩斯(Lutyens)为新德里建的全印度战争纪念碑就是罗马传统的，并且它的基址在城市规划的主轴线上，遵从这类纪念物通常的定位模式。

中世纪欧洲城门例子很多（图6.11）。城墙上拱形开洞的主要功能是控制，主要为了防御，但常常为了保护城市的市场及其商业利益。中世纪城市的拱形开洞的确源自审美的其他功用：例如，它的确象征着入口或城市门户并进而象征城市本身。对入口赞美的起源可回溯到海利尼克(Hellenic)时代的希腊和迈锡尼(Mycenaean)时代的希腊。蒂尔(Tyrins)文化的前廊实质上可能预

图6.14　旺道姆广场，巴黎

示了在它之后很久、但更为著名的由迈锡克尔斯(Mnesicles)为雅典卫城所设计的前廊：虽然是梁柱结构的，但却是所有城门的样板。要领略中世纪时代城门装饰功能的充分发展，就很有必要转到宏大的伊斯兰城市去看看，那里的城门宣告了城市、公墓和清真寺的存在，或者像印度海德拉巴(Hyderabad)那样确定出城市中心的位置（图6.12）。

文艺复兴时期的法国，出现了罗马凯旋门传统和中世纪城门概念的融合。例如，巴黎的一些当作大门的精致门楼，包括圣马丁门(Porte Saint-Martin)和圣丹尼斯门(Porte Saint Denis)。也有许多精致的门楼建在巴黎之外的其他省会。比如，南锡的艾蕾门(Porte des Illes)、斯丹尼斯拉斯门(Porte Stanislas)、圣尼古拉斯门(Porte Saint-Nicolas)和圣凯瑟琳门(Porte Sainte-Catherine)(图6.13)。在19世纪的不列颠，这一传统随着许多精致的纪念性拱门的完工而延续了下去。能找到的最好例子之一就是威尔(Wirral)的伯肯海德公园(Birkenhead Park)门楼。

用来装饰城市的最后一种拱门类型是临时性拱门。临时的装饰性拱门的传统可回溯好几个世纪：例如，拿破仑委托建造了一个拱门以庆祝他与约瑟芬的结合。此门由贝赫塞(Percier)和芬代恩(Fontaine)设计成帝国式(Imperial Style)。据阿谢德(1911a)说，这是一个从未有过的最美的街道装饰之一。贝尔法斯特(Belfast，英国港市)仍然拥有在7月的“行进季节(marching season)”用临时性拱门装点新教徒街道的城市装饰传统。尽管有沙文主义的意味，但它赞美了社区的精神，并通过多姿多彩的自发性将装饰营造了一个人性化城市的氛围。

20世纪已有许多精致的城门被毁坏，让路给蚕食着的机动车。在像金斯林(Kings Lynn)这样的城镇中，原先设置的城门都为让

6.15

6.16

图6.15　奈尔森柱，特拉法尔戈广场，伦敦

图6.16　雷恩设计的柱子基础的细部，显示出巨大的尺度

车进入时没障碍而毁掉了。以当前将大面积市中心步行化的取向，尤其在欧洲大陆，门楼又将成为城市构筑中的一个重要特色。

纪念柱

纪念柱有两种主要类型。第一种起源于古希腊和希腊化时期，第二种和古罗马有关，是按整体尺度放大的希腊柱式的发展。皮利尼(Pliny)约在公元50年写道：伟人的雕像放置在柱子上以把它抬高得大于其他普通人（阿谢德，1911b)。他还认为树立纪念性雕像柱的习俗要比修建凯旋门古老得多。由于凯旋门从未在古希腊城市中使用过，皮利尼所述可能的确是真实情况。

希腊纪念柱基或柱在规模上较小，由高度装饰性的以莨苕叶或盘蛇纹样雕刻出的拱柱构成。柱身的顶端保留有寓言图形或符号，比如在奥林匹亚(Olympia)是有翼的胜利女神，而在德尔斐(Delphi)是一群舞蹈女像或者古老的斯芬克斯。早期希腊时代的纪念柱柱身不像典型的神庙柱那样：为了支撑精致的雕像而设计适当的基座，雕像是要从地面观看和欣赏的。

图拉真纪念柱可能是罗马人竖立起来的最著名的纪念柱。据阿谢德（1911b）说："这柱子的一个尤其美妙之处是月桂树叶的花环编绕在柱础旁，在这上面的角上栖有四只老鹰。"柱子坐落于一个小型封闭院落里，离开了图拉真巴西利卡(Basilica，长方形廊柱大厅)，这增添了这根高度装饰性柱子的戏剧性效果。形式上和图拉真柱相似的柱子被立在罗马帝国的各个城市中，尽管多数已经被毁或消失。

在欧洲城市里，直到19世纪还在树立重要的罗马类型的纪念柱。在这些柱子中，由布隆代尔(Blondel)的一个学生在巴黎旺道

图6.17 方尖碑，南波特(Sothport)

姆广场(Place Vendôme)设计的多立克柱是一个杰出例子，它建于1810年，用来纪念拿破仑的胜利（图6.14）。为威灵顿公爵而建的类似柱子，立于伦敦摄政大街纳什所做构图的南端。一个特别精美的例子位于利物浦，柱子矗立于19世纪的一些大型民用建筑之中。伦敦特拉法尔戈(Trafalgar)广场的奈尔森柱(Nelson’s Column)是这类柱子中的另一个，它是这座城市给伦敦居民的一个特别大众化的装饰特色（图6.15）。不过不列颠最精美的柱子可能是大约1671年由雷恩设计的纪念伦敦大火的大多立克柱。尽管地点不好，但优美的细部和53米（174英尺）的高度仍然显示出了它的王者风范（图6.16）。相比之下图拉真柱是35米（115英尺），旺道姆柱是35.5米（116英尺）。

除用纪念柱之外，罗马人还用小型的柱子装点公共场所。罗斯特瑞尔柱(Rostral Column)更接近于希腊纪念柱，并且更接近于今天能够接受的尺度。在19世纪，出现在欧洲城市的某些更为巨大的罗马式柱带有的未加装饰的严肃性，削弱了它们审美装饰性表达的力度。直到新希腊复兴(neo-Greek revival)时期，纪念柱才以更自由的装饰处理呈现出新的可能性，柱身开槽、分段、粗面石工，与古希腊纪念柱一样不断重复着花环式样装饰。小尺度的柱子和基座对小公共空间更为适合，适于纪念人，如科学家、教师和公务员等，而不是半神的英雄人物。许多精美的小尺度柱座装扮着葡萄牙、西班牙等国家的市镇广场，赞美那些受人尊敬的市民有意义的一生。

方尖碑

方尖碑无疑起源于埃及。作为城市中普遍应用的特别的装饰元素，从埃及的方尖碑不断遭劫掠便可得到证明。40多座埃及方

图 6.18　教皇西克斯图斯五世的罗马平面

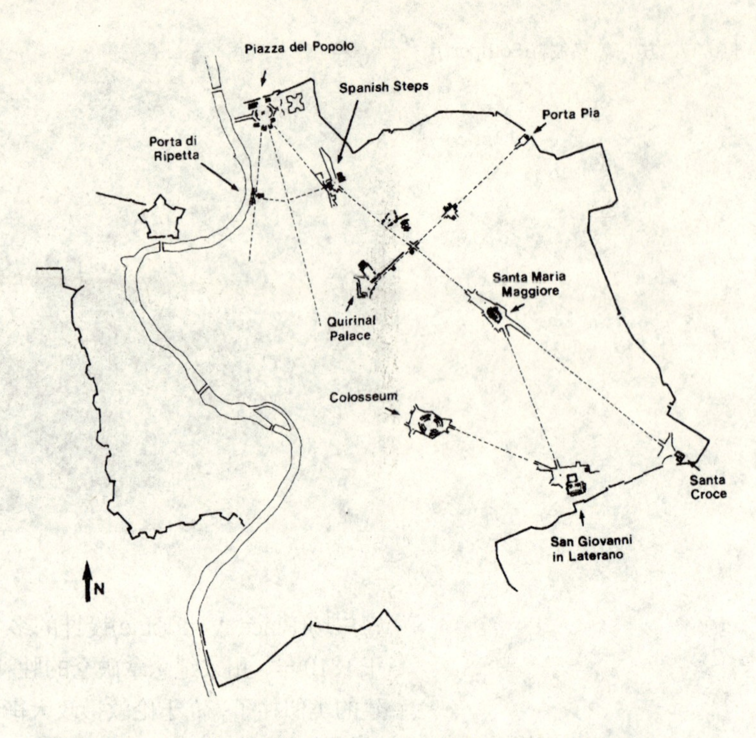

尖碑幸存下来，尽管很少仍在原来的位置上：12座被运到罗马，5座被运到伦敦，1座被运到纽约，1座被运到巴黎，还有几座被运到伊斯坦布尔。方尖碑因其用在不列颠和欧洲大陆的许多城镇和村庄中而被复制（图6.17）。不过只有小型的拷贝使用了真正埃及形式的独石，即由一块石头制成。

方尖碑有着垂直的重点强调而没有水平导向属性，它因而能被用作标记轴线的中央或两个或更多轴线的交叉点。不过它不形成长对景的停止或终结点。例如在罗马圣彼得广场和巴黎协和广场(Place de la Concorde)，方尖碑能形成大场所的中心。与常常单独矗立的纪念柱不同，方尖碑是用作支持一个较大的概念而设计的。在城市规划中使用方尖碑最有名的例子，可能就是建筑师多米尼克·冯坦纳(Domenico Fontana)在教皇西克斯图斯五世命令下完成的作品。在1585−1590年间，中世纪城市罗马发生了变化，西克斯图斯五世为在中世纪城市的混乱中产生秩序而使用的一个技巧就是长对景。他用宽而直的道路连接起7座主要教堂，这是信徒们在一天过程中要造访的圣殿。为了和以前教皇的工作协调，他发展了一个全新的遍布城市的主要道路交通网络（图6.18）。在这个交通网络中，在那些大对景的终点处，树起了方尖碑，围绕着它们以及沿路其他重要节点上，广场也在后来发展起来。拉斯穆森(Rasmussen，1969) 叙述道："用这办法，方尖碑成了巨大的勘测标杆，标出了一个直线系统，这就是未来的规划。"

不过，拉斯穆森在反驳树立方尖碑是有象征意义的时候，却

图6.19 老广场的钟，布拉格

忘记了上述这点："对埃及人来说，它们一直是宗教信仰的一部分，对古罗马人来说，它们是统治世界的象征；但对教皇们和他们的建筑师来说，不管怎样，它们都没有象征意义，只是一件艺术品。"阿谢德(1911c)更敏锐地指出：方尖碑"应该只是为了标出国家大事中一个新时代的开始而树立起来的"。在其没落以及随后在中世纪的衰败之后，罗马重建是具有重大意义的国家大事。西克斯图斯五世的城市规划不仅仅是关注大的宗教专门路线的建设，他还是一个实际的人，他的部分发展计划是把水送到城市较高和尚未被充分利用的部分。这是一个需要众多工程技术的大胆业绩。部分计划是开发新地块用于发展。由于方尖碑是"所有纪念物中最适合代表永远和持久的"(阿谢德，1911c)，它们的作用是勾勒出了由西克斯图斯五世为罗马重生所做的宏伟规划中的景象。

装饰钟

市镇钟具有如此属性：它可将强烈的印象录入到过往行人的眼中和脑中。钟，如果仔细选址并仔细设计安放，就是一个有着强烈视觉印象的潜在地标。伦敦的一个大地标就是大本钟(Big Ben)，它的报时声和作为地标功能同样重要：报时声和安装着钟的塔楼一样具有装饰性。不过，也不必用大本钟那样大尺度的钟来充当重要的装饰性城市要素。比如，布拉格、慕尼黑和威尼斯的圣马克教堂的钟和伴铃尽管小，但带给城市景色很大的魅力(图6.19)。公共钟不仅是实用的，而且也是街道设施中引人注目的项目。

城市的装饰性钟有四类：(1) 塔钟(tower clock)；(2) 支架钟(bracket clock)；(3) 纪念钟(monumental clock)；(4) 柱钟(post-mounted clock)。作为日晷的替代物，钟首先是固定在教堂塔楼上的。后来，为了钟的这一特定用途而树立塔楼，对所有公共建筑物来说被认为是必要的。传统上，它们被安放到市镇

6.20

6.21

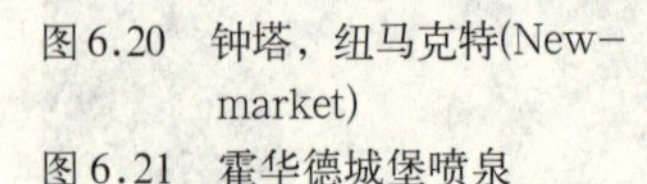

图6.20　钟塔，纽马克特(Newmarket)

图6.21　霍华德城堡喷泉

的山岗、旅馆、医院、汽车站、铁路站，还有教堂的塔楼上用作展现城镇的非凡之处。从街道立面上悬挑而出的支架钟是高度装饰性的街道设施。在街道立面平板般无立体造型的地方，它为那些行走在人行道上的人们带来了一个趣味点，从而给街景带来生机活力。为达到最大的影响力，支架钟不应陷入大量其他悬挂或悬挑的招牌和广告中。纪念钟是塔钟的发展，但它是在公共空间中自由竖立的单独形象，更像纪念柱（图6.20）。与拱门、方尖碑和纪念柱不同的是，纪念钟没有承袭的形式。

阿谢德（1912a）在20世纪初的著作中，对他那个时期的纪念钟持严厉的批评。不过，那些被阿谢德在20世纪初谪贬的纪念钟，现在在任何一个城市都要被当作珍宝而保护起来。不过，很难想像类似纪念物现在还会被造出来。像柱钟这样安放在路灯杆上体现着“高技”概念的简单构筑物，或是好玩的装饰雕塑，如诺丁汉维多利亚中心的音乐钟，更像是今天的“纪念钟”。

城市中的水

当被用作城市中的装饰因素时，水具有很强的象征意味。水、树与天空，使我们想到了自然野性。城市中的水把市民和他所深深扎根的山脉、泉水、潺潺溪流、深潭和湍急的瀑布联系起来。自城市起源后，人们使用水就不仅仅是为了必要的用途，而且也是为了展现它。把水带给城市常常是件大事情，它涉及到修建大水渠，或开挖庞大的运河系统，常常要使用无数的劳动力。

对于每一个城市景观来说，水都是必要的。很少有城市能声称在它们的街道、广场和公园里进行艺术装点而不用水。尽管在罗马和佛罗伦萨城内城外的建于十五六世纪的别墅仍吸引着访问者，但古罗马却是一个喷泉之城。历史上的这些范例与20世纪

图6.22　翠微喷泉，罗马

我们自己的众多努力是无法相比的。例如，诺丁汉市政厅前的两个池子就是罗马城外埃斯特别墅(Villa D'Este)喷泉的可怜翻版。水在城市中能用于传递众多不同的情绪和印象，它被用作静水池、瀑布、喷流、喷泉，或带有雕塑的水坛（图6.21）。

静止的水如同放在城市前面的一面镜子。荷兰拥有优美的运河景色，在那里我们可看到实际的城市以及它在长而静止的水带中的镜像。印度北部安静的莫卧儿公园是一个和邻近斯瑞纳戛尔(Srinagar)、克什米尔(Kashmir)的忙乱状态隔离的世界：花园以缓坡从一个倒映池向另一个倒映池降下去，只用小小的瀑布隔开；有趣的花园建筑被水池围绕和倒映着，增添了魅力和景致。

在埃斯特别墅水花园中大瀑布涌动喷出的情景引人入胜。喷泉、射流(jet)和跌水(cascading water)的湍急重塑了人们对大自然中精美瀑布涌动的听觉和视觉感受。水的视觉属性依赖于它对光的反射。落水的水滴和它们在水面引起的涟漪在反射和折射时，把光闪耀成无数明亮的、彩色的小点。和水的视觉属性同样重要的是它飞溅和流淌时的声音。这些声音，汇同水雾和亮点、冷光，赋予酷热的城市一份特别的清凉，它既富文明气息又具有装饰性。这是流水尤为真实的一面，无论它是雷鸣般的水瀑，还是顺坡而下的缓缓流淌的溪流，还是在被人工雕刻的水渠两侧撞击着的水流。然而，对纯视觉刺激来说，想像不出比喷高60–90米的射流更壮观的景象了。日内瓦城试图以一个装饰着中心区域的湖中射流来获得这一效果。

人们一般不会将街道广场中的水与急流联系起来。只有在威尼斯或阿姆斯特丹这样的城市，水才呈现出巨大倒映池的功能。在城市界限内外的小型静水池和传奇色彩的水景，通常都保留作绿色区域。喷泉或许是装饰街道与广场最合适的水雕塑。喷泉有

6.24

6.23

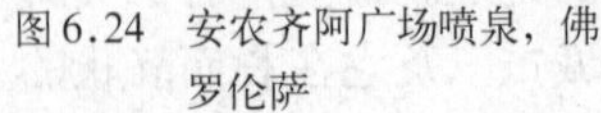

图6.23 柯缪恩(Commune)广场喷泉，阿西西

图6.24 安农齐阿广场喷泉，佛罗伦萨

许多形式，所以很难用设计原则去分析：“喷泉，这一装饰和装置充分发展的城市的全部艺术作品中的一员，是最没具体形状的，最不必受已知的比例法则、文法分析和风格限制的。”(阿谢德，1912c)。喷泉从水盆这一水的最简单的雕塑形式，变化到有人物的宏大巴洛克构图的射流和瀑布。例如由克莱门特二世[Clement Ⅱ]从尼柯罗·赛尔维(Niccolo Salvi)的设计中选出的于1735年建起的翠微喷泉(Fontana di Trevi)，其鲜明的建筑形式使它获得了象征整个罗马的美誉，对所有旅游者来说它是必看的景点，是真正的国际意义的地标（图6.22）。

如阿谢德（1912c）在论及喷泉的位置时所指出的：不管它可能采用什么形式，“首先要仔细地考虑地形等高线。喷泉的位置不仅在公园和城市的高处和高地上，也在低地中、山谷中和平地上。”设计成射流的喷泉是半透明且精致的东西，从狭义的城市设计范围来说，它不适合作中心轴或中心点。阿谢德提醒说：“在被建筑环绕的地方，喷泉最好设计成主要具有建筑特色，饰以从中涌出瀑布或射流的雕塑。”这一类型喷泉的佳例可在罗马纳沃那广场找到。如西特（1901）指出的：喷泉不要占据中央位置，它在许多中世纪城市中都是在一边的。特别好的例子可在佩鲁贾(Perugia)的教堂广场、阿西西(Assisi)的主广场和佛罗伦萨的安农齐阿广场中见到（图6.23和图6.24）。阿谢德论述道：作为建筑群轴心的应是比射流状的水更有形的东西。喷泉应该是设计中更强有力元素的从属物。这一原则的重要性在罗马圣彼得教堂前的奥柏利夸广场(Piazza Obliqua)、巴黎的协和广场、伦敦特拉法尔戈广场中得到了很好的体现。而伦敦卡那瑞码头(Canary

图6.25　卡伯特广场，卡那瑞码头，伦敦
图6.26　集市广场雕像，诺丁汉

6.25

6.26

Wharf)的卡伯特广场(Cabot Square)违反了这一原则，将喷泉放在了广场的中央（图6.25)。

简单的水坛能将水抬升到人眼的高度而不用很大的压力。水就能依靠重力从一个水坛向另一个水坛流淌。水坛本身的形状就很可爱，而且通过响声和运动而不必要大量的水或昂贵的雕塑组合就能增强水的感觉。可能正是带有小喷泉的水坛或水坛的组合最适合用于现代城市的街道与广场。

城市雕塑

城市装饰中雕像的使用有着悠久而独特的历史。尽管在漫长的历史中对雕塑的放置不是没有过法则性的错误。不过，在城市里安排和布放雕像是有一般原则指导的。自第一次世界大战以来发生的社会变化，使得明确这些原则更加困难。这些变

图6.27　布罗德盖特(Broadgate)雕像，伦敦

图6.28　雕像，波哥大(Bogota)

6.27

6.28

化包括公众对艺术的态度；快速而几近疯狂的艺术风格上的变化；对公共艺术来说可接受的主题变化；将雕塑从设计题材中略去的建筑风格的变化；以及雕塑材料和构成方式的变化。

雕像有三个主要的传统类型：(1) 单个人物；(2) 组群；(3) 骑像。单个人物的装饰作用在当代城市是有疑问的。在西方的民主时代，用神的英雄形象、独裁者或一些伤感神话的寓言形象或以往的侵略分子形象来装饰城市看起来是不妥的。取而代之的，放置一个荣誉市民的像又引起尺度问题。即使用上一组这样的形象看上去都与场地不相称。例如，诺丁汉集市广场的一组像，就在这个城市主广场的大舞台上完全丧失了尺度（图6.26)。把组像置于一盆水仙花中无助于其笨拙的布局。放在伦敦利物浦街车站后小得多的、空间中相似的雕像群就要成功得多（图6.27)。西特建议的、并在此之前概括的雕像的非正式放置方法，可以说是安排小尺度雕塑的实用指导。前述葡萄牙的广场上可见到的胸像和雕像的小尺度基座，仍是有用的范例。

骑像已有漫长的渊源了。它最好是放在开敞的空间中。在这一类型雕像占据的特别位置上，它们看起来要安放到高高的基座上才能获得最大优势。自文艺复兴以来有两个特别好的骑像例子，是维拉奇奥(Verrochio)为威尼斯乔凡尼广场(Piazza di SS Giovanni e Paolo)做的柯利奥尼(Colleoni)像，以及它的重要竞争对手，由多纳泰罗(Donatello)在帕多瓦(Padua)作的戛塔麦拉塔(Gattamelata)像。据佐克（1959）说：维拉奇奥的骑像强大到足够以一种保持整个构图在一起的张力控制周围的空间，尽管无组

图6.29 地铁，巴黎

织且又分散的建筑形状形成了很不规则形的边界，它还是引出了广场的印象。

今天看起来很少有机会（如果有的话）在极权主义国家之外使用巨像，像自由女神像或里约和里斯本的基督纪念像那样的巨大的国家纪念物。比如，布拉格的前斯大林纪念像，一度可从城市的几乎每一部分看见(一个30米高的花岗岩雕像，描绘了斯大林带领人民走向共产主义)，为城市提供了辨识的特征。在城市景观和装饰术语上，它使从老广场沿帕瑞斯卡(Parizska)街的长对景的终结形象有了意义。不过，它对捷克人民的压迫和征服的象征意义超过了对城市景观的考虑，随着赫鲁晓夫对斯大林公然的抨击，它在1962年被炸毁。纪念像已被换成一座节拍器，它没有同样的城市景观属性而基座已成为抗议和乱画的场所。同样也很少有机会赞美国家男女英雄的事迹了，不管是站立的还是骑马的。装扮当代城市的城市雕塑可能是从屋顶穿出的鲨鱼，或者冲出正立面的飞机头，或者是装点剧院正面的光怪陆离的霓虹灯。这样的城市装饰特色使人难以对有趣的创新作分析和得出结论（图6.28)。

实用的街道设施

到目前，讨论街道陈设对城市的完备装饰来说是必须的；就像起居室墙上的精美图片或是饭厅桌子中央的鲜花，它们的主要目的是美化。不过，一些有功能的街道设施主要是为了实用。柱子、钟塔和喷泉也有功能，这一点是可以商榷的，尽管它主要仅

6.30

6.31

图6.30　电话亭，伦敦
图6.31　中国城大门，休南区，伦敦

具有象征意义。公共汽车外壳、街灯和公园长凳尽管是功能性的，也可以并应该设计为就纯形式语汇来说也很吸引人的街道雕塑。

所有街道设施的一个重要目标就是建立、支持或强化一个地方的地域精灵(genius loci)。佩夫斯纳(Pevsner,1955)写道："一个地方的魂灵，即地域精灵，是一个从古话中借用过来的虚构人物并给出新含义。如果我们将它纳入到现代术语中，地域精灵就是一处场所的特征。在市镇中，场所的特征不仅是地理上的而且也是历史的、社会的，尤其是美学的。"挑选相称的街道陈设能将特征赋予一个特定的城市、城市中的区域或场所。例如，巴黎地铁的入口就是一种很独特的新艺术风格(图6.29)。由海克特·桂玛德(Hector Guimard)(1867-1942)设计，它们在巴黎有很大的号召力，拥有远比其他大城市的类似实用设施大得多的魅力。相似地，由乔治·吉尔伯特·斯科特(George Gilbert Scott)设计的英格兰乡村的红色电话亭，也为英格兰乡村景色的地域精灵作出了重要贡献(图6.30)。英国电信和墨克优利(Mercury)公司的替代物，虽是功能性的却没红色电话亭的特征。从小一点的范围来说，由罗斯(Rowse)为梅塞隧道(Mersey Tunnel)入口设计的装饰艺术味的电话亭和家具，行使了同样的"辨识"功能；不过在此例中，这是某个机构而不是利物浦或伯肯海德(Birkenhead)得到辨识。

按林奇的理论，清晰可辨识的和独特地区的城市可使观看者产生强烈的感知印象。这个强烈的视觉印象便于人们理解城市和管理城市。一个重要问题出现了，即通过为城市每个区域精心选择或设计独特的整套街道陈设来处理区域辨识的机会和愿望。伦

6.32

6.33

图6.32　摄政大街街道陈设，伦敦
图6.33　圣马可广场街道陈设，威尼斯

敦的休南区的“中国城”，就是一个看起来很成功的例子，那里的街道陈设的策略是专门为一个既定场所设计的。中国商店有着中文招牌，入口和招牌对中国式样的再次重复给了这一场所一种统一和成功的装饰特性（图6.31）。同样的话能用来述说伦敦摄政大街的摄政风格设施吗？格兰塞(Glancey，1992）不这么认为："英国人对遗产的固执想法应有限制。当像交通信号灯、汽车亭和‘不能进入’标牌这样的功能性的全天使用的东西要穿上摄政味的艳丽服装来保持优质大街的温馨时，遗产就让位给愚蠢了。这就是伦敦摄政大街上已发生的事，在那里一项由克朗区委(Crown Commissioners)主持的400万英镑的公共工程项目，……给了我们世界上第一个摄政大街交通灯。”他后悔没用和伦敦有关的“黑色”街道设施标准（图6.32）。“只要招牌、灯等漆成黑的——伦敦灯柱、栏杆和交通信号灯的传统颜色——那么至少城市附属设施的杂乱就会缓解。然而恶俗的蓝色油漆，粗暴地破坏了摄政大街邮筒和公共汽车的红色，……出租车的黑色和建筑物及人行道柔和的灰色。”

就设计目的而言，大多数实用的街道设施都是最近出现的，就起源讲，它很少有设计目的。18世纪的街道本来是没有像街道陈设这样的阻塞物的。仅有的例外就只是偶尔出现的旅店招牌和当地马槽。那些实用的项目，如灯柱或护墩及链条，偶尔用以装备大的城市空间，它们数目上很少并放置得很好。比如，南锡斯丹尼斯拉斯广场的拐角，铁艺屏风用作私密性的保护或是精细定

图6.34 埃斯特公园煤气灯，诺丁汉

位的围护物。与这样整齐精心布置的街道陈设相对照，现代街道显得充斥了杂乱的招牌、小亭、各种尺寸和形状的灯柱、悬头顶的电线缆以及广告牌。它们一成不变地布置着，很少考虑到它们的组合和它们出现在街景中的效果。从混乱中理出秩序是城市设计者的任务。这是正在开始受到其应有关注的城市设计的一方面。阿谢德（1913d）的预言性评论正开始生效："我们仅仅只是刚开始认识到放置市镇陈设是既在装饰又在实用方面都能给公共大街和'场所'增添高贵、端庄和美丽的强有力因素。"

阿谢德(1914a）后来提出罗马大烛台是灯柱或灯杆的先驱。这对阿谢德的那个最早和煤气照明相关的时代中的早期灯柱来说可能是对的。不过，对一些更简单的一端很细，且顶上有钢球的现代例子来说肯定是不对的。这些现代的灯柱与威尼斯圣马可广场上巴西利卡前的三根优雅的柱子具有更多的共性；在皮亚茨塔(Piazzetta)旁是一些美丽的雕塑感灯柱，它们在晚上发出柔和的光而在白天则有可爱的侧影(图6.33)。诺丁汉埃斯特公园(Park Estate)那条街上的煤气灯，重造了漫长雾罩的冬日夜晚暗淡的维多利亚式朦胧。很幸运的是，在这个保护区内，正宗的维多利亚铸铁煤气灯柱仍然像设计的那样起着作用，并且仍为公园的整体统一作着贡献（图6.34）。在其他的历史名胜地区，维多利亚灯柱已在一定程度上成功地被采用或被复制作电气路灯。

一座城市常常能通过它的座椅及其布局、数量和舒适感来作出评价。座椅或成组座椅经常是不同年龄组活动的地点。座椅是一个城市里文明的体现，大多数合宜地安置在城市的街道，广场和公园中，尤其当文明的定义是用来说明城市居住文化的时候。座椅是给老年人沐浴阳光、给学生学习、给办公室人员吃午餐、给年轻人拥抱以及给售货人员放松疲劳双脚的场所。

有两种基本形式的公园座椅。一种是没有后背的、平的立方体量的，具有雕塑状外形，它对建筑构图很有用。不过，它冰冷不舒服，而且须用在人们只是需要短时放松的地方；另一种是舒服的模仿维多利亚公园椅式样的，它们合宜地支撑着身体，把重量均匀地分配到座位表面，坐着的人的后背被很好地支撑着，双脚能舒服地在地面休息。当座椅按人体对称地设计、按人体合适地均衡调整时，它就能鼓励坐着的人停留、休息片刻并欣赏街道或广场。座椅的放置点很重要。它要放在一条道路或一个广场自然的休息点上。设置时它的后背要有保护，要在可能看到有趣的景象并观察他人活动而又感到安全的受遮护的位置上。同样值得关注的是那些经常被当作即席(ad boc)座位的台阶。

在本章即将结束之时，让我们关注一下街亭(kiosk)这个词。其来自kösk，在土耳其语中意思是亭。用于广告和书报摊的巴黎街亭，是对付重要且有用的布告的最为美观大方的方法，如果糊到墙上，看起来就成了涂鸦。街亭有许多类型和用途，比如说已经提到过的电话亭。或许最有趣并且最具装饰潜力的街亭是演奏台。它们能在许多欧洲城市见到，通常采用圆形或八角形轻型结构、并常有升起的平台和四角锥屋顶。它们通常放在一个围绕着长椅的空间中。如果正确选择其形式、位置和环绕空间的话，就能生成一处在城市景色中充满活力的、生动的并具装饰性的场所。

小　结

本章研究了城市街道与广场中的三维物体的设计和放置问题。上述讨论的目的在于设法理解这些装饰城市的三维物体的职能。许多这样的物体，其中一些是伟大的建筑纪念物，如同城市王冠上的宝石，是主要的地标，通过它们我们组织并构建了城市。其他更多的是局部地标，我们借以导向并用于指引陌生人到达某一位置。放在街道或广场上的陈设和装备，可以是宏大的城市纪念物，如骑士像、凯旋门、纪念柱或喷泉等。另一些街道陈设，像街灯或公园座椅，可以更实用但对城市装饰来说却并不是不重要的。不过，从公园座椅到大喷泉的每个更进一步的发展都应根据它美化城市、建立并加强某一区域或邻里作为特定场所的可辨识性意图来作出评价。

彩图 7.1　拉特菲尔德（Reitveld）住宅，乌德勒支，荷兰

彩图 7.2　蓬皮杜中心，巴黎

彩图 7.3　Castle Park 的对比颜色，诺丁汉

彩图 7.4　瓦特逊·福斯吉尔办公室高度装饰立面的多彩砖工，诺丁汉

彩图7.5　香港公寓建筑钟和主背景强烈对比的小块亮色

彩图 7.6　教堂，比萨

彩图 7.7　大运河，威尼斯

彩图 7.8 和彩图 7.9　吉恩·菲利普·莱柯斯在意大利的一个项目中的例子。诸如油漆碎片这样的当地材料的收集和结合某场所的彩铅速写。编辑提供表现性颜色表，以此色彩组合拼贴而成。

彩图 7.10　大教堂，米兰

彩图7.11　新艺术运动立面，布拉格

彩图7.12　装饰艺术运动立面，布拉迪斯拉发(Bratislava)

第七章　城市中的色彩

引　言

色彩的应用具有可更新的好处，它是装饰城市的最有效的方法之一。城市中的色彩处于本书城市装饰主题的核心。本章是前面讨论过的各章的综合。应用色彩应通过强调如路标等的特色，通过开发与特定区域、街道或广场相联系的颜色配置，以及通过街道陈设的色彩调制来加强城市给人的印象。

在人造环境中，应用多种色彩效果是有巨大潜力的。在20世纪的大部分时间，人们并未对城市中的色彩主题给予较多关注。受到许多设计者赞同的、与古希腊建筑和雕塑错误地相联的一个经典观点认为：建筑的颜色只是自然打磨的结果。那些保有古代文明的建筑，经过岁月的蹂躏，已被太阳、风和雨剥夺了本来的颜色，它们因此成为了单色灵感的来源。对许多人来说，发现伟大的古代纪念碑被染着或绘着明亮色彩已证明是很难接受的，特别是那些对表现天然材料内外一致心存崇敬的人。然而事实很清楚："雕塑深深地染以耀眼的颜色。在雅典卫城(Athenian Acropolis)发现的一尊女大理石像，着以红色、绿色、蓝色和黄色。雕像常有红唇，用贵重的宝石做成的闪烁的眼睛，甚至人工睫毛。"[波特(Porter)，1982]。从色彩的角度来看，与在许多欧洲城市发现的19世纪的纯而无生气的复制品比起来，希腊寺庙在感觉上与中国寺庙更接近。

现代社会留存着对颜色的热爱。教堂的外表与过去颜色的象征用法保持强烈的联系，而多彩的活泼则偶尔出现在最近巴黎或意大利妇女服饰的流行时尚中。那些没有在艺术培训中心训练过的人——郊区家庭中的工人、粗人们的艺术、吉普赛或露天广场的艺术家，仍保持着环境色彩的鲜活。20世纪20年代末期及1930年代的装饰艺术运动(Art Deco)正是这一精神的体现。例如瓦利士(Wallis)、吉伯特(Gilbert)及其合伙人为伦敦郊区所做的建筑巧妙地融入了这一大众主义的流派。色彩的重要实验在现代主义运动中展开。20世纪20年代初期荷兰的风格派(De Stijl)小组便是这样的一个组合。蒙德里安(Mondrian)在帆布上使用了纯色和白色，将它们包含在简单矩形的黑格中；拉特菲尔德(Rietveld)采用类似方法装饰其建筑物的内部和外部平面（彩图7.1)。其他对环境色彩的著名的现代诠释者还包括柯布西耶,他利用闪亮的原色来和他建筑中的白色几何框架相对比。

拉斯金(Ruskin)教条观点的遗存和他的追随者对色彩的自负,使多色彩领域被放弃给了技师。正是技师用油漆装饰保护了桥的铁制部分、铁路车头的车身部分以及工农业机器的运作部分。可以证明,直到罗杰斯(Rogers)和皮亚诺(Piano)设计出蓬皮杜(Pompidou)中心,关于环境色彩的更古老的建筑传统才得以恢复（彩图 7.2 ）。

由地方材料组成的传统建筑的自然色彩愉悦了眼睛。风格派深奥而又几近质朴的色彩，带来知性和情感的极大满足。然而，它们决不是将色彩引入环境中的仅有途径。这里所述情况是对环境中的色彩有一个更普遍和折中的哲学所需要的。在最近众多的城市发展成为“混凝土丛林”的情况下，这就尤为正确。由于目前的重点是可持续性，许多地方政府正试图用颜料、植物和雕塑而不是破坏性的混凝土丛林来营造人性化环境。

色彩理论

在讨论环境中的色彩之前，有必要探讨一下色彩总的理论，并给那些用来描述和分辨色彩的术语下个定义。术语色彩可用在两个主要方面：（1）描述彩虹的色调，白光打破后的各种要素（红、黄、蓝等）；（2）它可被用作更普遍的形式并包括黑、白、灰。后三种“颜色”可以同红、蓝、绿一样通过颜料获得而在家中使用。本文中便是这种广义的色彩定义。然而，认识到设计者在环境中色彩的使用与画家不同是很重要的。遵循着和色彩协调一样的准则，城市设计者工作在一个光质随城市、季节、早晚而变换的领域。画家在他们的工作室里，是在一个日光稳定的条件下混合和使用色彩的。他们的作品也是在保证最佳光照条件的画廊里展出的。画家能够调控自己的色彩，并能选择要遵从的抽象思想的理论方向。城市设计者则必须与城市发展中的其他工作者协调，每人都有各自的喜好。城市设计者工作在一个三维的广袤无垠的画布上，以及不停地发展和衰退的进程中。对城市设计者来说起点必定是他们工作场所的环境。因此，城市的色彩理论要在这个更大的相关环境中来看，并且，可能的话要通过在没有和谐的地方创造出和谐来的方式装饰城市。

有了三原色组合，其他颜色就可由它们制造出来。就光而言，红、绿、蓝（蓝紫）混合后可形成其他颜色。红和绿将形成黄，绿和蓝将形成青，红和蓝将形成洋红。光的原色是可以累加的，三种原色混合在一起便形成白色。

就颜料而言，红、黄、蓝是原色，混合后便可形成其他颜色。颜料倾向于相减，就是说，红色吸收表面反射的除红以外的所有光色。因此，没有颜料只是单纯地混合，合成后趋于更多地加深或减弱落在它表面上的光。颜料三原色的混合会形成黑色或深褐色，此时，大多数照在表面上的光线会被吸收，几乎没有被反射回来的。

不过，在视觉上有四原色，红、黄、绿和蓝。其中的每一种，从感性上说，都与别的不同。其他任一种颜色均接近于某一原色。也就是说，黄和绿的混合色看上去既“偏绿”又“偏黄”。当四种原色在转轮上旋转时将形成灰色。

艺术家、科学家和心理学家使用的三原色组合，各自均可形成不同的色环。而每一种色环均可用来判断色彩的协调性，为方便起见，本文中采用艺术家使用的传统色环，其三原色是：红、黄、蓝。

图7.1表现了艺术家的三原色色环。它显示了原色、次色、第三色的分布及冷暖色调在色谱上的区分。把这色谱带向完美的艾夫斯(Ives)，提出红色应该是洋红，黄色应该明亮而清净，蓝色应该是青绿或孔雀色。这些特定原色混合后会形成纯洁色调组成的令人满意的色谱[彼伦(Birren)，1969]。

绘画或人造环境中所应用到的色调协调是建立在对同时并连续的对比，以及视觉颜色混合现象的理解上的。(雪佛莱，1967)对同时对比效应作了如下描述：“如果我们同时观察边靠边的同一种颜色的两条不同色调的条纹，或同一色调不同颜色的两条条纹……眼睛会察觉到某种变化。第一处影响的是颜色的浓度，第二处影响的则是两个并置颜色各自的视觉构成”(彼伦，1969)。

图7.2说明了亮度的同时对比效应。两个灰色在亮度上是一样的，但是黑色中的看起来要比白色中的亮一些。浅色会加深深色的深度，而深色会使浅色更浅。当不同色彩或亮度的颜色相邻排列时，会产生凹槽效应(图7.3)。各种色调的边缘会以相反的方式改变。对比色的“滞后印象(after image)”效应也很值得关注。图7.4用黑白两色表明了这一点。这种对比效应最好的诠释是盯一会儿一个给定的颜色；当把视线转移到白墙上时，相反色的外观或阴影就被激发出来。参见全色环(图7.5)，对比色是指色环上以直径相对的颜色。红色的滞后印象是蓝绿色，反之亦然；黄色的滞后印象是紫色，反之亦然。同时应用相反或对比色彩会带来相互鲜明纯净的效果，而且它不影响色泽。用在诺丁汉后现代工厂的红绿两色便达到了这种效果(彩图7.3)。该楼的主色是中红，它由许多块对比的中绿加强。

图7.1 红黄蓝色环
图7.2 同时对比：每一灰星在亮度中都是相同的
图7.3 同时对比：注意一个灰调子挨着别的灰调子处的"凹槽"效应

当非互补色相邻放置时，它们似乎被邻色的滞后印象的光亮所影响。例如，当黄色和橙色放在一起时，黄色的滞后印象紫色使橙色的外观偏红，而橙色的滞后印象蓝色使黄显得偏绿。

当浅色和深色并列放置时，色值的对比效应会强些，而当色值相近时，色泽的对比则极惹人注目。不过，色板的大小对比效应也是很重要的：对明显的视觉对比来说，尤其当色值和色泽都呈对比时，大的色板有极强的效果。小区域，如点和线上的强烈对比会由眼睛弥散开并倾向于相互遮掩而导致整体色彩灰暗。因此，当用于大块色彩时，相反色在对照上是极有效的。而相邻的或相似的色彩在不同的小区域中表现得最好。在许多传统的砖石墙上可以见到相似色彩的有效应用。每块石头尽管都来自同一采石场，但它们在色彩或其深浅上都有微小的差别。它们均自然地混合在一起。在一些长期经受风吹雨打的砖墙上，也可以见到同样的效应。墙上的砖块尽管在颜色上都有些细微的差别，但它们都属于色谱中的相似部分。

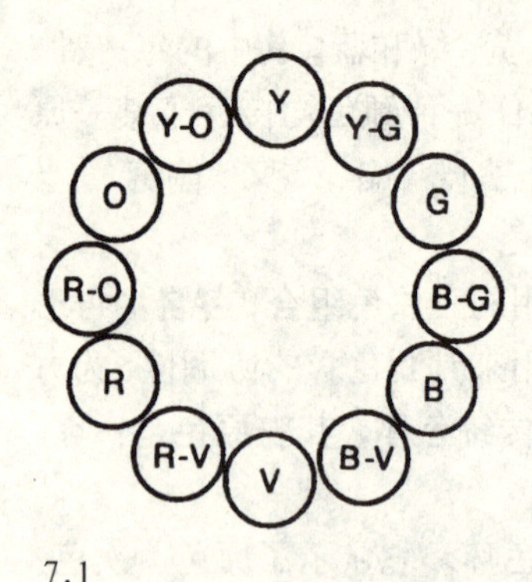

7.1

7.2

7.3

色彩和谐的奠定始于19世纪早期及雪佛莱(1967)的工作。这一理论建立了某些规范和原则。第一，各颜色本身是美丽的；第二，同一色泽的色调亦应如此；第三，不同色泽，在色环上相似或紧密相连的，当它们看起来是处于同一或相近的色调中时，是有着和谐关系的；最后，以强烈对比色出现的互补色也应保持协调。从一柔和的淡色玻璃介质看过去，各种混合色呈现出协调一致的关系。

雪佛莱将六种独特的色彩协调分为两大组：相似的和谐与对比的和谐。相似的和谐有：(1)"色阶和谐"，由同一色泽的紧密相连的色值的颜色组合在一起；(2)"色泽和谐"，几种相似色值的相近颜色作为组合的基础；(3)"主导色光(dominant coloured light)和谐"，几种不同颜色及色值组成一个似乎遍布或湮没于带有主导色光线中的配置。根据雪佛莱的说法，对比和谐有：(4)"色阶对比和谐"，由同一色泽的几种色值很不同的颜色组成；(5)"色泽对比和谐"，相关或相近的颜色以

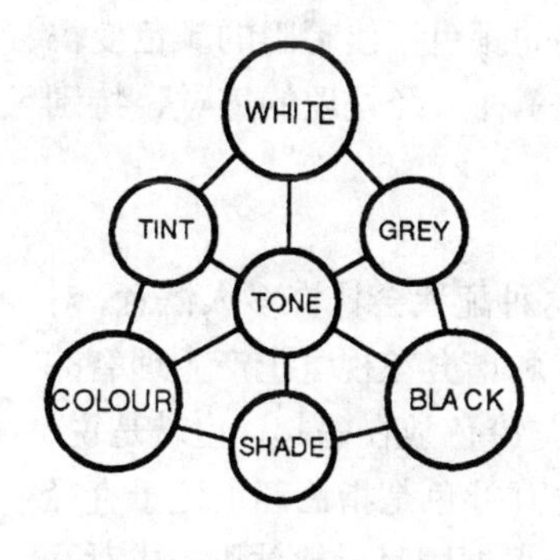

7.5

7.4

图 7.4 滞后印象：盯着黑星的中心看上几秒再看着黑点
图 7.5 色三角

很不同的色值和很不同的纯度或彩度陈列在一起；(6)“对比色和谐”，色环上处于对边的颜色作为互补色、分离互补色及三次复色混合起来。

为方便起见，城市设计者对色彩协调的分析是建立在《色彩原则》(彼伦，1969) 的基础上的。对变色的协调将给予特别关注。下面的分类是对雪佛莱工作的简化。将要详细讨论的色彩协调的分类包括：邻色(adjacent colours)和谐；对色(opposite colours)和谐；分离互补(split-complements)和谐；三混色(triad)和谐；主导色(dominant tint)和谐以及变色(modified colours)和谐。

邻色和谐

相似或密切相联的色彩往往会让普通观看者赏心悦目。如果纯从色谱的暖侧或冷侧挑选会得到最佳效果。相似色彩呈现某种情绪性品质并影响心情。相似色是指那些在色环上邻近的颜色。这是自然界常用的色彩效果，在一些传统建筑上也可见到。例如日落时光色由红变橙，秋天的色彩由红变橙再变黄。花儿也有同样的和谐变化。黄花蕊在中央变深橙，红玫瑰的花瓣阴影是紫红的，而高光部位则是橙红的。英格兰南部传统的砖结构村庄，都有火橙色的屋顶和墙面、深红的顺砖和橙红的横砖。维多利亚的许多地区，与粘土瓦相关的细微变化的多色砖石的使用，产生了相似和谐的效果。

当关键色或中心色是原色或次色：红、蓝、黄、橙、绿或紫中的一种时，相似色的效果会最佳。这就是色彩范围，如红与紫红或橙红、橙与红橙或黄橙。在这种情况或类似情况中，邻近的色彩支持并加强了原色或次色的效果。成问题的是那些由邻色衬托的三混色组合，如黄、橙黄或橙色。虽然这可能是有些人的喜好，但感觉上，橙和黄似乎相差太多而不适合通过中间色放在一起。也许事实上这的确是个问题，但在城市环境中，大部分色彩已作了修正改进，因而减轻了这一问题。饰以从橙到黄的条纹或图案的多色砖块的色彩变化仍在这类色彩搭配的范围内（彩

图7.4)，除非风吹日晒改变了砖块的颜色，使耀眼的颜色变得柔和了，否则这种色彩安排会给人一种未经处理的感觉，特别是在那些很新的建筑物上。

对色和谐

如果用互补色形成强烈对比，这种配置会让许多人惬意，对一些人来说则会兴奋和震动。对色的和谐会在视觉上产生理智的效果。对色和谐通常是将一种暖色与冷色放在一起，也就是说，通过冷色的阴性来加强暖色的阳性。互补色是指色环上处于直径两端的颜色，如蓝和橙，或绿和红。根据同时对比法则，成对互补色中的每一色都能加强另一色的浓度。在自然界，这种颜色配置经常可在鸟、蝶及花中看到，如紫色的花有黄色的花蕊，蓝色的鸟有橙色的羽毛。在阿尔嘎夫(Algarve)，橙色的日落往往映衬着深蓝的天空。在观察人造环境时，应该以一种不太复杂的配置去找到这种令人兴奋的色彩组合。地中海国家的一些村舍将绿框的红色百叶窗镶嵌在白墙中。坎特伯雷(Canterbury)等大教堂的中世纪拱顶采用高度强烈的蓝色和金色，即使从巍峨的教堂中厅顶部看过去，也能给人留下深刻的印象。

对色和谐也包括在白色上运用黑色。这样的中性色配置是复杂的，是理性的而不是对色彩的情绪性反应。自然界中这种色彩协调的例子当属北欧，当大地铺满白雪时，漆黑夜色中，树形以生硬的黑色与被剥夺了颜色的天空形成对比。在北欧，特别是英国，有很长的黑白建筑传统，切斯特(Chester)就是一个很好的例子。

分离互补和谐

在分离互补协调中，关键色与色环上它的对色相邻的两种色调相组合。如红与黄绿及蓝绿、红橙与绿和蓝、橙与黄绿及蓝紫。分离互补中与相邻的原色或次色（红、黄、蓝、橙、绿、紫）组合可能要比三混色组合效果好。不过，这可能仅仅是个人喜好。这种组合要比单纯互补和谐更复杂，更不直接，它为色彩调配添上多变和微妙的一笔，这正是装饰城市时的一项重要要求。

三混色和谐

这种和谐为设计师提供了更为广阔的调色可能性，对城市设计师而言这尤为重要。三混色的基本原则是从色谱中选择三个等距的色彩，它们能产生有力的平衡。有四种三混色可能性：原色：红、黄、蓝；次色：橙、绿、紫；中间色（第三色）：红橙、黄绿、蓝紫；另一组第三色：黄橙、蓝绿和红紫。由红、黄、蓝三原色组合成的三混色是原始的，直接的并且通常具有普遍单纯的魅力。不过如果像勒·柯布西耶那样将它们与白色一起使用，组合便显得很复杂。中间色或第三色的组合是强烈而令人吃惊的。

中国庙宇展现了这类基于大间隔的三混色颜色搭配（彩图7.5）。

主导色和谐

自然色和人造色通常都是在不同的光线条件下看到的。远方的景观会被蒙上一层灰紫色的薄雾，拂晓时远方的山脉被染成粉红色。城市也会被笼罩上一层热气，或令人不悦地罩上一层污染幕。当被淡淡的乳白色光笼罩时，从九龙看到的港岛，无论石砌的早期殖民地老建筑群，还是汇丰银行的框架结构，其色彩都变得柔和了。画家们都清楚这种效果，并且都实验过通过到处弥漫着淡色而产生和谐的作品。一套普通的色彩，当染上一层透明的淡色时，就会与其他相当悬殊的色彩和谐。淡黄色能使地面的本色变得与温暖的日光和谐；淡蓝色则能使地面与月光和谐。无论淡染前的颜色多么生涩，这一方法都能产生和谐的效果。对城市设计者来说，这真是一种极幸运的现象。尽管如此，还是应该了解不同时间和季节微小气候淡染的效果，以便通过一种和谐的底色和材质加强淡染的效果。例如，巴黎的淡乳白色，部分是由大气环境造成的，但城市建筑物的灰白色及其铁制件的黑边也对这种乳白色起到了加强作用。

变色和谐

色环及色三角是画家们用来进行色彩分析与和谐调色的最重要的两个工具。色三角的第一个顶点是从色环中挑选出的纯色，第二个顶点是白色，第三个顶点是黑色。用这个三角形可能进而确定所选颜色的明色(tints)，调和色(tones)和暗色(shades)。所有纯色泽(pure hues)均可构成色三角。从三角形上选定某色，比如说亮红色，从顶点沿边出发，向着白色的过程调整着红色的明色，红色越来越淡直至变白。顺着第二条边，暗色越来越暗，直至变黑；三角形的第三边是灰度，即黑到白的变化，从不同灰度到红色的变化就是红色的调和色。因此，明色是纯色与白色的混合；暗色是纯色与黑色的混合；调和色是其与黑白两色的混合；灰色是黑与白的混合。

在为设计组合色彩时，不管它是绘画还是环境色搭配，往往认为纯色值较亮的色泽能产生最佳明色。纯色值使普通暗度的色泽产生最佳暗色。如果这样认为是对的，那么明色限于黄色、橙色、橙黄色、绿色和黄绿色，而暗色则来自红色、红紫色、紫色、蓝紫色和蓝色。然而，这可能也是个人喜好的另一例子，许多人喜欢在沿海村庄里使用淡粉红或浅蓝色，而有人则喜欢在这些地方使用白色。这一准则源自一种自然界的和谐，认为淡黄、淡橙、深红、深紫放在一起效果很好。反过来则不自然且不和谐。黄的暗色变成深橄榄色，橙色变成褐色，红色变成强烈的粉红色，紫色变成黄褐色。虽然第一类可能也不适合所有人的口味，但大多数人都认为第二类不和谐。

对于城市设计者来说，变色和谐可通过与主导色和谐来达到，后者特别重要。一般环境和特定城市是由变色组成的，它们笼罩了一层与白天和特定季节相关的大气淡色。城市中见到的色彩很少有接近于纯色的，若这种颜色出现，它们通常是小的高光点、亮红色邮筒、传统住宅门窗上的阿尔嘎维(Algarvian)蓝边，或是阴暗的维多利亚露台上漆亮的门。天然的建筑材料，如石头、砖和泥土容易变化而成微妙的色调。城市设计者往往从环境中寻找方法，总体自然环境主要由更多微妙色彩组成的。

作为一种科学现象的色彩世界是由无穷多种不同颜色组成的。仅从一些术语如波长、亮度、反射度便可确切地判断出有几百万种颜色。颜色的科学世界与人类感觉的经验世界有很大的区别。眼睛所能辨别的色彩仅有几千种；在色谱的纯光条件下，眼睛仅能辨别不到180种色泽；用染料或颜料时能辨别的颜色就更少。不过，当色谱上的颜色随白、黑或灰改变时，便可辨认出一整套新的颜色，如粉红、褐和海蓝。

眼睛对刺激的反应与科学仪器不同，它是一个心理过程，将各种颜色归于不同范围。眼睛不能从色谱上看出无数颜色，它们只能被大致分为红、黄、蓝、绿及近似它们的颜色。类似地，从一纯色泽分阶出来的颜色，比如说红色，变为白色的过程已从一个无限多的步骤简化成了一组颜色，从红色突然跳到称为粉红的一组颜色，最后跃至白色。类似地，橙色向黑色的演变成了突然跃至褐色，然后黑色。

眼睛总是极力从纷乱的世界中为色彩分类排序。因此，对颜色的反应，在很大程度上是个人化的，某种程度上，也是由文化决定的。我们在社会化进程中，已形成了各自将颜色分组的方法。这已不是仅仅是给颜色分类的过程，也是赋予不同颜色不同意义的过程。对颜色个性化分类的不变主题是需要将色彩世界简化。如果真要给色彩一个复杂而精巧的分类，那么字典上一定会充斥描述色彩的词语。事实上，英文中只有为数不多描写色彩的基本而专门的词汇：红、黄、绿、蓝、黑和白。其他大多数颜色的词汇是借用来的：紫罗兰、淡紫、紫丁香、玫瑰红是从花中来的；翡翠绿、宝石红、土耳其绿是从宝石来的；樱桃红、柠檬色、石灰色、巧克力色、橄榄色、桃色则都是从食物来的。

这个纷繁复杂的色彩世界，设计师有必要将其简化，使之更有序，建构颜色以便普通观看者都能接受。大画家往往将他们的颜料限制在人眼能够分辨出的少量色彩中，这有限的颜料是色彩构图的根本；简化是欣赏的必要条件。从理论上说，某一色泽的任何调和色、暗色或明色都可用作构图——它们都是和谐的。原色也可与黑、白或灰一起使用。通常认为对图7.5的三角形内显示的颜色更严格的要求也是符合人意的。这些颜色包括：黑色、灰色和白色；纯色、明色和白色；纯色、暗色和黑色；明色、调和色和暗色；明色、调和色和黑色；明色、调和色和暗色；明色或暗色、调和色和白。一些观光城市，如威尼斯或比萨的老城区的建筑主要就是由这些在本区域可找到的材料建成的。这些材料的色彩范围往往来自于更为宽广的彩虹色谱中的一段。此外用于这些传统城市的材料颜色往往是改变后的色泽：调和色、明色和暗色。使用纯色是加强和突出特别方面的，且要限制在小区域内。自然则以蓝而亮的天空或暗绿色的草地提供对比(彩图7.6和图7.7)。

城市中色彩的应用

直到19世纪，欧洲城市还发展缓慢，它们使用当地材料作建筑物的外表。建筑风格改变了但建筑材料没变。尽管风格变化，但当地材料的连续使用创造出的街道、广场和整个城市有着很强的视觉和谐。城市色彩以这种方式产生了，并成为其历史的一个部分。19世纪和20世纪的飞速发展都未能使它被完全湮没。在牛津哈艾(High)大街上，许多风格被反映出来，但它们都有统一的尺度、材料，尤其是颜色。牛津的色彩起源于黄沙岩的赭色。在传统城市很容易廉价地获得用于粉刷灰泥抹灰立面的泥土颜料。即使到了19世纪，也只有有钱人才买得起更明亮些的“进口”或“外国”颜料来粉刷他们的门窗。城市与地区已与特定的色彩范围联系在一起了：“例如，里昂的赭和红，在维也纳中心地区的蓝和红之间的、显眼的‘玛丽亚·特瑞萨’黄……还有重新翻修的萨凡纳(Savannah)的砖红和乔治亚绿；萨福克和德文郡村舍的粉红；伯耐挪(Burano)的亚得里亚海(Adriatic)小岛上的鲜红色、蓝色和黄色房子”(波特，1982)。摆在城市设计者面前的问题是如何重抓住这样的色彩搭配，还给各中心以自身的个性和特征。

都灵(Turin)在1800年召开了建造者大会以设计和完善城市的色彩计划。想要为那些以统一的建筑为特征的主要街道和广场用一个协调的方案上色。该会议为通往都灵中心的卡斯迪娄(Castello)广场的主要游行路线设计了一系列彩色道路。每条路的色彩配置均以城市的流行色为基础，并且通过对重装修申请的批准而得以贯彻。已无法得知最初的色彩搭配持续了多久，但19世纪末的尼采(Nietzsche)和20世纪初的亨利·詹姆斯赞赏过它。

吉恩·菲利普·莱柯斯（1977）关于环境色彩的作品，发展了都灵早先实验中的思想(Düttmann等，1981)。他的目标是设计出与法国特定地方相关的色彩系以保持地方感。莱柯斯从一地区的各处收集色彩样本——颜料的片断，墙、门、百叶的材料以及自然元素如藓、青苔、岩石及泥土。他找出形成某一地区的色彩图谱和介入人造环境的色系，分析并构建这些颜色（波特，1982）（彩图7.8和彩图7.9）。

从都灵和兰克勒斯那里学到的经验是双重的。首先，为建立某地区或城市的色彩图谱，必须对环境进行调查，并将图谱上的色系作为建立色彩配置的基础。其次，某城市的色彩配置应该是广泛的且能实施的。建立任何色彩配置都应遵循色彩组成和谐的法则，从本章前面所述可看出这是令人赞同的。

城市中可看到四种不同规模的色彩：（1）城市或区的规模；（2）街道或广场的规模，那里的色彩依据邻近的建筑物、街道拐角处或对面的建筑立面而产生不同的特征或情绪；（3）单体建筑的规模；（4）细部的规模——窗、百叶、铁件、街道陈设。进而，街道或建筑的色彩有四种观看方式：（1）从边上；（2）从正面；（3）从上面；（4）从下面。观看时可能是在阴影下，闪耀的阳光下或明亮的蓝天背景下。不同情况下同一色彩可能会呈现出不同的暗色、明色及调和色。

米兰是一座有清晰色彩定义模式的城市。它对颜色的使用是高度复杂和独特的。锡耶纳、佛罗伦萨、博洛尼亚等城市的色彩取决于砖块、赤陶、大理石等材料的色彩。例如在佛罗伦萨，包括大教堂暗绿色大理石面层在内，暗色非常丰富。它是一个暗色与调和色的城市。在锡耶纳，光线以及装扮得相当漂亮的教堂，装饰出一个完全不同于暗色的主广场以及连接大教堂和主广场的昏暗的悬崖般街道的空间。暗色的砖和赤陶，是博洛尼亚带拱廊的街道和广场的色彩，那里券拱的拱腹和拱弧闪烁着丰富的金色。然而，在米兰，色彩体验却是很不同的：这里，暗色和亮色是并用的。它是个明与暗并存的城市。高度装饰的大教堂为南边是深色、北边是淡粉红色的主广场提供了白色焦点。城市中不同地区白色大理石外表的建筑引人注目地成为贯穿整个城市的重复主题。圣安波娄吉欧(St Amblogio)教堂阴影深重的回廊与白色大理石外表的陵墓的明亮形成鲜明的对比。在方泰那广场(Piazza Fontana)，白色小雕塑用来突显赤陶装饰，而在斯卡勒广场(Piazza della Scala)，以这种方式使用的白色使空间显得开阔。围绕门窗使用粉红色和精致的装饰是通向多摩广场(Piazza Duomo)南侧和西侧主要道路的共同特征。粉红和灰色用得非常小心微妙，色块周围框以大理石或石华。通往多摩广场的街道的粉红回应着广场上重要围墙的主题，并为大教堂的围墙做了精心的准备。在卡尔杜西大道(Via Carducci)，白色用在诺佛宫(Palazzo Nuovo)上以强调拐角处高度装饰的凉廊。在米兰，色彩既用作装饰又用于强调。除了

7.6

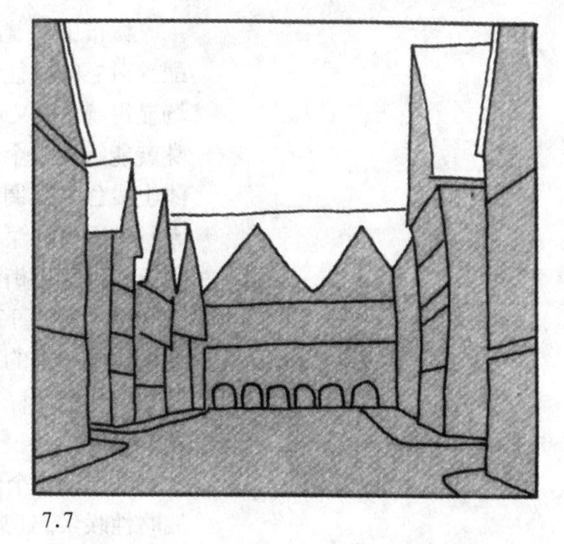
7.7

7.8

图 7.6　强调街道墙面的颜色
图 7.7　强调街道容积的色彩搭配
图 7.8　强调街道立面垂直性的色彩搭配

具有很强的装饰性外，使用白色来突出重要的城市节点和地标的位置真是聪明之举（彩图 7.10）。

在维也纳和布拉格，黄色是用来突出巴洛克地标的颜色。沿着窄街的小巴洛克式教堂漆上黄色后变得十分醒目。这么强烈的色彩再结合表面阴影的运动，不用精心处理就会变得很有装饰性。在布拉格和布拉提斯拉法(Bratislava)两地，精致的色彩装饰在新艺术运动(Art Nouveau)和装饰艺术运动时期建筑的正立面上是很常见的（彩图 7.11 和彩图 7.12）。两个时期的建筑物上的色彩广泛用于立面，对那些随意观察到的人来说这是复杂而迷人的。但它未有机会战略性地使用颜色和装饰，即使在更早更训练有素的时期曾达到过。例如，在布达(Buda)，大教堂便是用色彩来突出路标及社区团结的重要象征的一个很好的例子。大教堂与相邻中世纪街上使用的红、绿、黄的暗色及调和色形成鲜明的对比。

城市中最普通的两种空间是街道与广场。街道或广场的色彩配置对它的特征和外表有着不可忽视的影响。它既可使街道或广场显得统一，又可破坏这种和谐。此外，街道上所使用的颜色本身就能够产生个性和情感。拿街道来说，可以通过把街旁的墙都漆上浅色来强调墙面（图7.6）；或者，通过将建筑立面都涂上和人行道同样的深色调来突出整条街的容积，或通过沿街立面的水平条纹来突出街的长度（图7.7）；街道也可以通过垂直色段分成一个个单元（图7.8）。无论采用哪种配置，街道都必须被战略性地视作城市中的一个组成部分，是连接一个个节点的路径，其中散布着特色地标和街道拐角。正是这些特征才应影响着街道中色彩的最终分布。

当选择某个建筑物的色彩时，首先应看到它与周围近邻们的战略性联系。还应确定该建筑在城市或地区中的视觉效果。例如它是否是某条街的标志性建筑或是长对景的终结？它是否在一条有特定色彩配置的重要街道上？确定了战略性的要求后，就应审视建筑物本身：如果它是精心装饰的，应给它加上浮雕檐口、窗框、壁龛、突出的壁柱及凸窗、楼梯井、拐角线脚、挑檐、阳台等。浮雕位于主墙面前面，是前景色，墙则成为底色或背景色。可以背景是深色的，浮雕是浅色的；反之亦然。但为了清晰表达，要有一些区别。

为某个建筑物挑选色彩时，细节才是经过考虑的最终的构建性元素。只有我们停下来驻足观看时，才会注意到装置和陈设的细节和色彩，但它们对整条街道的总体效果来说是很重要的，当侧面可能要接一条重要街道时，它们必须互相协调。建筑物的三段，底部、中部和顶部，以及浮雕和细部组成了街道的建筑处理。注重平面、突出物和装饰工作，可产生有生气的装饰模式。在其他地区，由于策略上的或规划上的原因，在街道必须比较平和与低调的地方，可通过巧妙地使用同种颜色的不同深色、调和色或亮色来区分细部。

小　结

色彩是城市生活中最重要的方面之一：它是我们描述一个城市装饰效果的一个主要因素。为使城市的装饰更有效，有必要建立一些为城市及其主要因素，如区、道路节点、边缘及路标提供色彩议程的战略性政策（林奇，1960）。从色彩的角度讲，城市意象往往是很长一段历史所形成的，并受到环境的极大影响。色彩意象的决定依赖于城市设计者的敏感反应。这种反应建立在对当地环境色彩的全面调查的基础上。对于城市的其余部分来说，色彩可用来突出重要的建筑和地标，色彩标志着重要的道路，并把整体模式下的个性赋予重要广场和集会场所。

第八章　结语　今天与明天的城市：美化与装饰

引　言

本书的主题是城市美化与装饰的任务、形式和位置。书中提出的观点是，开发的每一步进展都应视作对装饰城市的尝试。用亚历山大的术语说，正是通过对装饰的成功应用，城市被“医治”或“完善”（亚历山大，1987）。装饰能统一城市范围内相差悬殊的元素。已经讨论过成功的装饰源自对它功能的理解，这里功能是它最广义的用法，包括象征和符号。不过，装饰不是从城市日常生活的现实和实践中分离出去的美学行为。城市是居住、工作、商业、工业、休闲和教育的场所。就这样，城市有了它自己发展的必要性。城市设计者忽略这些在城市中起作用的动力是不明智的。城市设计者或许可以善意地塑造这些动力，但不可能完全控制它们。

现代城市

现代主义建筑学，在其清教徒般的热诚下，反对点缀和装饰：它似乎否认城市具有更丰富环境的可能性。理性的现代主义思想将城市环境行为简单地划分成分离的部分，既否定了城市生活的复杂性，也否定了城市设计的丰富传统。城市被当作一架机器，它提供工作、居住以及由路而不是街道连接起来的其他行为活动：勒·柯布西耶通过否定街道与广场而明确地否定了城市建设的伟大欧洲传统（勒·柯布西耶，1946、1947）。柯布西耶是一个艺术家、一个伟大的建筑师，他从未能理解并进而对城市全面的复杂性作出让步。那些追随他制造混凝土盒子构想的人，继续否定着城市空间的传统，却不能重复他在许多建筑中所达到的雕刻般的雅致。不像文艺复兴或巴洛克大师，很少有现代主义大师理解或关注城市设计：他们承诺的是单体建筑物。即使是现代主义大师中的人道主义者阿尔瓦·阿尔托也很少设法创造有价值的城市空间。萨纳珊罗(Saynatsalo)市政厅是一个令人高兴的例外，那里精细砖艺装饰的简单现代元素制造出了亲切的城市空间（图8.1）。

许多和现代主义运动有关系的建筑师，更多地是在他们为城市的设计中而不是他们的建筑中表达他们对社会主义的诠释。对

8.1

8.2

图8.1　市政厅，萨纳珊罗
图8.2　公寓，Lenton，诺丁汉

社会主义的这一理解导致了他们清教徒般的热诚，它把大众的基本需要定义为足够的房屋、工作等。此外，这大众是不受19世纪末强调中产阶级口味和主导性的城市环境影响的。此外，有着机器般优雅流线的预制建筑的建造是否会把伟大的建筑带给大众，关于这一点是有争论的。个体化设计的、手工制造的和装饰的建筑物将是过去的东西。不幸的是，结果并不是乌托邦建筑师的勇敢新世界。大众被分配到空中的鞋盒里，这就是全英国上下所能提供的（图8.2）。勇敢新世界更接近于本杰明（Betjemin）的斥责：

去除那些村舍，拥挤的一团！
太多的娃娃，生在了里面，
太多的棺木，撞下了楼梯……

我有一个未来展望，哥们儿，
工人的公寓在大豆田里，
高高耸起像银色铅笔，一组接一组。

汹涌的众人听到来自
公社饭厅麦克风传出的挑战：
"没有对！没有错！一切始终都是完美的。"

在不列颠，现代主义建筑的全面发展从来不是很实质化的，

8.3

8.4

图 8.3　市中心，斯蒂芬艾治(Stevenage)
图 8.4　派特诺斯特广场，伦敦

或更确切地说是由一小部分人在少数场合完全实现的。许多"现代主义运动"的观念和理想在这个国家保守的社会风气中妥协并淡化了。不列颠的规划者追求的是与他们的建筑同行很不一样的教育途径。规划者们持有的价值观受到盖蒂斯(Geddes)、霍华德、艾伯克罗姆比(Abercrombie)和芒福德(Mumford)的影响，而他们的美感形成于西特和恩乌音(Unwin)的思想（盖蒂斯，1949；霍华德，1965；艾伯克罗姆比，1944；芒福德，1938；西特，1901；恩乌音，1909）。作为一个团体，规划行业是社会团体的一部分并倾向于"中间道路"的政治立场。建筑师／规划师，那些在20世纪50和60年代对新城镇和大型公共开发负责的人，很不容易地坐在两种哲学之间。为了道路和高效运输网络的需要而进行的分区、对密度问题的多层解决办法，以及现代结构被新城镇的设计者和掌管再开发的城市建筑师们大量采纳。许多建筑师／规划师，比如吉伯德(Gibberd)和荷尔福德(Holford)，接受了西特的观点，并且尝试着把它们和起源于欧洲的更为革命的建筑观念集成起来的不可完成的任务。在许多情况下结果是不成功的。在不列颠，这些观念帮助形成了战后需要的新城市和大规模的再开发。这样的两个例子是由吉伯森(Gibson)做的考文垂市(Coventry)中心重建和吉伯德做的哈罗(Harlow)的新城中心(图8.3)。两个方案都试图建立基于西特观念的城市空间。由于许多原因它们都失败了：开发中形成的城市空间被单一的使用方式和夜间的沉寂所包围；用地和城市其他部分被繁忙的交通道路或停车场隔绝了；建筑无法辨认又没特点；多功能、拥挤和繁忙的大街概念被抛弃。结果成了一系列的大量闲置的、冰冷的和刮风的公共区域。后现代主义者批评的战后现代主义城市设计的另外一个

8.5

8.6

图8.5　街景，麦克讷斯(Mykonos)
图8.6　街景，德国

例子就是由荷尔福德做的伦敦派特诺斯特(Paternoster)广场开发。本来规划的围绕在圣保罗大教堂周围自然的西特式风貌的空间也遭受了与哈罗城镇中心一样的缺陷。在这个例子中，规划被教堂委员会搅和了，他们想要取得最大建筑面积并因此获利(图8.4)。

这些刻板的环境不仅是没有装饰和美化，而且也没达到希腊、意大利和地中海其他地区找得到的空间的简洁高雅。在南欧传统中，小规模的空间被一些精心放置的悬篮、装饰街道的门窗、广场、招牌、丰富了城市风景的泉水和雕塑所激活(图8.5)。北欧也不失令人愉快的装饰公共广场和街道的传统（图8.6)。

然而这些优良传统的丧失也不能全怪现代主义建筑师和规划师，而是有太多的力量包围着这受人尊敬的职业。其他更强大的力量在剥夺城市的传统个性中起着作用（图8.7)。后现代城市专家必须了解在城市中起作用的社会、政治和经济力量，如果他们要设法创造有更多装饰的城市的话。除非来了灵感，否则不再可能回到过去某些理想的时期。仅仅是复制就成了临摹(图8.8)。为了未来的城市和它的角色功能，城市专家一定得寻找用人的尺度去装饰公共领域的理性基础，即使形式和概念是来自过去的传统。

对作用在城市和限制它发展的因素的详尽分析已经作为例子在别处出现[芒福德，1938、1944、1946、1961；Ravetz，1980，和安布罗斯(Ambrose)，1979]，在一本关于点缀和装饰的书里重复不太合适，不过有必要简单概括一下那些可能关系到创造装饰性城市的要素。

在北美和西欧，关于民主政治和自由市场的双重价值是主流。对个人主义、竞争和利润动机的重视导致了城市形式的了无生气。规划师、建筑师和城市设计者要么能和这些主流一道工作，控制和可能减轻某些最坏效果，要么就像一个正在召唤后退

8.8 8.7

图 8.7　集市广场，诺丁汉
图 8.8　Richmond 河边，伦敦

潮流的无能的坎纽特(Canute)国王那样站着。

城市是西方文化模式的一个结果,那里的土地市场决定着建筑物的高度和位置。哪里的地价高(通常是在重要的中心或社区的节点)，哪里的密度就高。由于规模经济和联合经济的接近产生的局部优势,这些区域的单一用途倾向于主导地位。比如在不列颠和其他财产私有的民主制度中,拥有一幢花园住宅的理想主导了大多数家庭的抱负。在市郊开发的低密度单用途住宅满足了这种要求。工业的、商业的、购物的和休闲的公园跟随着人口来到了市郊。在不列颠,这一趋势正在被大批顺从的选民支持的道路运输政策所推动。

建筑业是商业民主制度的一个重要组成部分,并遵守相同的规则。建筑物是为利润而建造的。传统材料比如石头、砖和片石是昂贵的。将这些材料制成装饰花样的手工艺与施作在建筑上同样都很昂贵。建筑物，如果它们要减少成本并因此获取最大利润,就会倾向用标准预制的、不怎么需要现场装配的工厂制造的元件来建造。

采用装饰或昂贵材料是体现商业力量的;它象征企业的力量和声望,通常是跨国性组织采用这些材料。建筑物及其材料和构件已经国际化,相应地是失去了与传统城市相联系的丰富的地方特性。现代的建筑师和规划师试图为了普通人的利益控制这些技术力量。这么做时，他们形成了对建筑物和城市的“机器美学”。以这种眼光看，现代城市的失败，是社会及其文化的失败，而设计和规划失败的只占一小部分。

举例来说,不断发展的路面拥塞是现代城市被很好记录下来的失败之一。它包括交通阻塞的危险；城市生活的危险状况；市郊的隔绝、贫穷并被剥夺权力的下层阶级的人们；垂死的城市中心；老化的城市基础设施。内城已变成一块社会和经济被剥夺的区域，可解决其问题的税收基础不断收缩。这些地方性困难必须和更严重的污染、臭氧层消失、温室效应和气候变化、资源消耗、能源消费程度、人口生长、世界范围内的食物短缺和饥荒等世界问题对照着看（迈尔斯,1987）。似非而是地，这些表面上不能克服的世界问题可以刺激社会精神及其价值的变化。在态度方面如此的改变,对拯救城市并使城市回归到它作为人类家园的首要功能上去可能是必要的。城市终将成为一个没有令所有健全的人都想逃离的可恶的事物形象的地方。

可持续的未来

未来的所有发展都应该是可持续的，这已逐渐成了国际共识。可持续发展有许多定义。一种通常的定义是："满足当代人的需要，又不影响满足后代人的需要。"[布伦特兰(Brundtland),1987]。可持续发展原则对城市及其形式而言，有着多项含义。

用在这里的可持续发展的定义,包含了不同世代间和本世代内都要公平的意思。先把这问题放在一边，国家间的公平，这个定义确实需要一个对某个给定社会内部财富分配的全面再思考。在服务、休闲和基本生活条件行业中的工作创造可能就是这一公平的资源分配过程的一部分。如果这被证明是对的，那么艺术家的城市装饰工作、工匠或工厂地板上的产品可能再一次出现在城市设计的议程上。

可持续性意味着对天然和人造环境进行精耕细作。它暗示了重返农业传统的习俗，也就是说，让土地处于一个比它被发现时更好的状态。这一良好的耕作价值适用于人造和天然的环境。在这样的政策下，对已有建筑的保护成为常理，而破坏和重建则要求公正的策略。看起来在许多欧洲城市里对丰富的城市遗产的保护有了一个广泛共识。因为在我们的城市中当前许多有关建筑和历史价值的保护政策可能会被保留下去。然而，人造环境的保护，总的说来，可以变得更普遍。不只是为历史的、美学的或情绪的理由，而且是为了要减少能源和资源的消耗。在这情况下，许多现在看起来不合适、不悦目或十分丑陋的建筑物会被发现出新的用途，通过对其正立面和周围环境的装饰进行处理而使其人性化。

因为能源效率的原因，未来的可持续城市的扩张可能采用低层、沿基础设施走廊和公共交通高密度开发的形式（欧文斯，1991）。由地区性材料建造的超级绝缘的三四层混合功能建筑物为城市的设计者提供了一个新的设计议程［布洛尔斯（Blowers），1993］。城市空间的丰富肌理来自于对植被、地面景观和街道设施

图 8.9 市政厅，波特兰，奥勒冈

进行装饰之门的城市发展策略。建筑物上的长寿命传统饰面材料的使用也为装饰建筑提供了机会。

反对普遍使用私人汽车，转而乘坐公交车辆出行，对保护能源尤其是减少矿物燃料的消耗是必须的（Matthew and Rodwell，1991）。城市要在一定程度上避免交通堵塞的话，就需要大量的城市外科手术和投资来解决大众交通问题，因此，一个可行的公共运输系统是必需的。同时，欧洲的许多城市，正在对公共运输进行投资，限制使用小汽车而强调步行、骑自行车，或乘公共汽车、电车或火车出行。假定这个趋势能继续下去，那么在城市中心和其他的重要节点看起来就前途光明了。这些中心的新生为城市设计者发挥装饰才能提供了广阔天地。正是在这里，集中了社会长期的大量的创造性能量。转向一个更具持续性的社会以及体现城市结构的固有价值，要求我们在考虑城市的方式上要有一个重要的模式变化。当出现这种文化变动（有人会说，对人类是必要的）迹象时，这些迹象绝不可能是普遍的或十分明显的。在这个模式变化及其伴随而来的生存技术变化的历程中，大灾难对推动社会可能是必需的。

后现代城市

在概略说明城市未来的装饰策略之前考察一些20世纪80年代的城市空间的例子是适宜的，它们已为重建沿街步行和坐在城市平静广场中的乐趣做了很多努力。如奥勒冈(Oregon)的波特兰市就做了协调的努力，把人们带回了城市的中心。波特兰市行列中的旗舰是著名的市政厅，它通过使用各种后现代语汇创造出一个装饰性地标。建筑物包含许多精美雕塑，一个在周围的街道中不断重复的特色。控制大街和广场的动物雕塑在居民的新鲜感消失了很久以后仍继续令他们愉悦。另外一个把活力带回市中心的方法，是通过消除城市街区来生成公共广场。广场灵活地使用坡地来创造一个被雕塑环绕的多功能空间，雕塑既定义出广场又包围广场。环境质量被水的利用进一步加强，水的利用有助于在忙碌的城市中心生成小气候。在波特兰的这一部分，有一个总的设计努力，它的目标就是医治城市（图 8.9- 图 8.11）。

科罗拉多州(Colorado)丹佛(Denver)市的第16街大商场，也阐明了如何利用装饰过的环境使垂死的闹市区新生。由于已失去生机，决定在闹市区创建一个城市购物大商场。新闹市中心的购物商场必须和那些对有汽车的人来说具有鲜明局部优势的郊区商场竞争。为了竞争成功，发展商在制造这条吸引人的购物街时运

图8.10　先锋法院广场，波特兰，奥勒冈

图8.11　装饰有动物雕像的街道，波特兰，奥勒冈

8.10

8.11

用了一系列城市设计技巧。第16街是总体环境设计的一个范例，那里最有名且最统一的装饰元素是地面景致，它被精心设计的实用街道陈设所充实。总设计聪明的地方之一是使用简单的未装饰的玻璃立面，它通过地面景致的变幻反射、多彩的橱窗展示以及天黑后它们对街道的照明来装扮街道。一个安全的、有控制的环境产生了。小的购物廊提供了对橱窗另一边街道的自然监视，橱窗明晃晃的，丰富地装点着环境（图8.12和图8.13）。

法兰克福的泽尔(Zeil)是与丹佛的第16街大商场相似的开发。像丹佛一样，它是一个徒步购物商场，在那里有一种通过利用地面景致、实用街道陈设、雕塑和树木来“医治”或“完善”市中心的尝试。然而这个开发不如在丹佛的成功。泽尔太宽而且地面

8.12

8.13

图 8.12　第 16 街大商场，丹佛
图 8.13　第 16 街大商场，丹佛

8.14

8.15

图8.14 泽尔，法兰克福
图8.15 锈钢雕塑，布罗德盖特，伦敦

铺装没能成功地统一设计。非人性的尺度以及在20世纪五六十年代冲进泽尔的缺乏统一的建筑抹杀了在丹佛第16街大商场的那些优良品质（图8.14）。

布罗德盖特在伦敦市，是一个通过混合使用现代和后现设计元素而完成的优秀城市开发范例。这块地方被建筑正立面装饰着，它们围合着各种广场。公共空间也用于放置赋予人尺度感的雕像。布罗德盖特包含两种对比强烈的城市装饰风格。它有“高科技”但又装饰性的环境，也有衍生的后现代装饰性环境。决定哪部分开发最为成功是事关个人口味的。使用两种风格装饰城市领域取得了值得称赞的成就（图8.15–图8.17）。空间的装饰品质与靠近圣保罗大教堂的派特诺斯特广场的灰色气息呈现强烈对比。

在伯明翰有另一个复兴城市中心并使城市重获自豪感的巨大努力。遭受交通工程师、现代主义建筑学的干涉以及那产生出令人蒙羞的“系缆环(Bull Ring)”的贪婪的商业利益的毁坏，城市当局正设法抵消过去规划的失败。在这个使中心重获活力的努力中再一次使用的主要元素是吸引人的地面景致、精心选择的街道陈设和城市雕塑。重新设计的广场使用雕塑、水和变化的地平面创造了装饰丰富的多功能城市区域。伯明翰计划建造其他有雕

8.16

8.17

图8.16 “飞跃的兔子”雕塑，布罗德盖特，伦敦
图8.17 布罗德盖特，伦敦

塑并被装饰性立面围合的新广场。现代主义城市的严肃性正被抛弃。为了创造一个人性化的并取得广大公众赞同的装饰性环境，城市可能要被改造（图8.18和图8.19）。

小　结

城市中的美化与装饰是昂贵的，包括使用稀有的人力资源和物质资源；因此，它一定要用得经济和慎重。结果就是城市中的一些地方会比其他地方更有装饰性，另一些地方则较少装饰。装饰的部位应该是规划的一部分，这样它的冲击力就能最大化。指导城市色彩和装饰方案的策略和政策是医治或完善一个城市的最基本要素。这样的策略可以立足于一个林奇类型的研究，即用装饰来强调区域、路径、节点、边缘和地标（林奇，1960）。应该分析每个城市区域来揭示其不同于邻近地区的颜色和装饰性效果，它们把城市和附近地区区别出来，在那里发现的细节要用作将来发展的基础。城市路径和节点应该逐一被分析，以便发现那些立面的、地面景致的和陈设的元素，通过这些元素，它们得以分辨出来。这些局部的视觉主题应该被所有新的附加物所加强。城市的地标和边缘就在那些使用装饰就能出大效果的地方。就是在这些特征上，以往的城市设计者常常用很多装饰，例如，与地标相关的雕刻般的屋面或滨水码头周围的戏剧化景观。

美化与装饰无论是用在立面上或地面上，还是用在街道上或广场上，与未装饰的背景相比，其范围都是有限的。它的位

图 8.18　世纪广场，伯明翰
图 8.19　维多利亚广场，伯明翰

8.18

8.19

置选择必须小心。许多可能的位置在前面章节中已概略说明。当美化与装饰的使用受一些基本原理控制时，效果是最好的。基本装饰原理常常是有功能特性的，举例来说，在材料变化连接处，勾勒出像窗这样的建筑元素的边缘，或者强调平面或归属的变化。一旦确立一个装饰主题，它就为进入城市场景的添加物给定了装饰分布的理由。这里并不试图培养读者的品味，也没主张某种装饰风格的意思。这些只是个人的观点。为美化与装饰的合理定位和分布提出原则，一直是本书的目标；然而，原则要有足够的灵活性，以允许创新的演绎。

第九章　尾　　声

引　言

第九章是尾声，即“短时演讲或诗作，特别是剧本的结尾”。它是作者个人观点的陈述。本书的结语是为了保持三位作者就同一观点所作的论述的连贯性。本章意在阐明本书的目的。这本书并不是为了提倡发展华丽的城市建筑，也不是为了提供好的装潢设计方案。它的本意要平实得多：它只是为理性地讨论城市中美化与装饰的本质和需求设置一个起点。本此目的，尝试着去发现装饰何地、何时、为什么用在城市中这些问题。城市装饰通常用形式和功能两词来表述，然后分析归类。这一类型学是教、学和理性讨论的核心工具。本书中所采用的程序与许多研究领域所用的思维过程相似。

许多当地专家都作过设计简介或设计指导。他们可能大多介绍在城市的某个地区使用的材料、色彩及其他细节。这些著作并不是为了束缚有创造性的设计师在满足其顾客的要求时的想像力，它是为了将开发者的注意力都集中到城市及其社区更广泛发展的要求上。很明显这种关于设计纲要的著作，最好由明了涉及城市装饰艺术原则的专家来写；这些专家也得有接受新事物的思想，欣赏那些敢于突破这些原则的设计师的新颖创作。本书及此系列其他书的目的就是探讨城市设计原则的本质。

本章主要研究尼日利亚的豪萨人的古老土质城市的装饰(Dmochowski，1990)。古老的豪萨城市与欧洲及北美的城市如此不同，相距如此之远，因此，可以讨论这些城市中装饰的应用，而不必卷入有损主题的无谓争辩中去。所以，或许有可能在无误解的前提下讨论这群人发展起来的城市装饰。比如，根本无法想像现代大都市中应该或能重建北尼日利亚的华丽土质建筑。在尼日利亚本地，在JOS博物馆里陈列的古建筑的复制品都很可爱，且在尺寸上完全忠于原作。本书及本套城市设计丛书都是不提倡模仿作品的。存在这类模仿之处，会尽可能客观地检验它对环境及其可能的发展潜质的影响。那些企图从过去及生活在完全不同文化背景下的人的作品中寻求灵感和思路的创造性设计师都有漫长而艰巨的路要走。本书肯定这种过程是正当的。

20 世纪初，一些现代艺术和建筑运动的创造性设计者有一种观念：民众的艺术努力被错误地描述为“原始”。例如，非洲雕塑很受毕加索的推崇，而建筑设计者则对原始小屋有一而再的兴趣。据说勒·柯布西耶就受到米可诺一带教堂中美妙的雕塑建筑深深的影响。既然有从文化背景完全不同于我们的人的艺术作品中寻求灵感的传统，那么研究这样一群人的城市建筑应该是合适的。

本章接下来的篇幅，奉献给豪萨城也是由于它有这个资格：城市装饰的一个很好的例子、传统的豪萨城市建筑显然很上镜头的特质，以及可以吸取的城市装饰的经验。豪萨的装饰与支撑这种装饰形式并赋予这种使用以意义的建筑技术之间有着紧密联系。装饰和结构间的这一紧密联系正是尾声中引用这段材料的主要原因。虽然可以肯定无论皮金还是豪萨建造者均不知对方的建筑宗旨，但是，很明显，豪萨建造者的作品看起来很好地遵守了皮金的规则，正如第一章所引用的：“首先，建筑从方便、构造或合理等方面来说不是必要的话，就肯定没有特点；其次，所有装饰都应丰富建筑中的精华部分……在纯建筑中，即使是最小的细节也应有一定的意义或服务于一定目的。”(皮金，1841b)。这是本章所探讨的第一级类推，即豪萨建筑物的结构和装饰之间的关系；类推的第二级讨论把装饰与建筑结构之间的关系转换到城市设计的更广阔区域中。在更大规模的豪萨城市中，装饰依照通过建造过程反映其使用原则的规律与城市结构相联系。这里所指的城市结构是基于林奇定义的概念上的城市的可感知的结构（1960）。

在将某种文化中的思想和概念转换到另一种中去时有明显难度。显然，豪萨人关于城市中的适合建筑的装饰及装饰的意义与我们有完全不同的理解。豪萨人的文化，就像其他民族的文化一样不是停滞不前的：它在发展变化着，接受着新思想，对来自内部社会的压力及作用及来自境外的外部压力都有所反应。作为豪萨文化的一种物质化表达，城市装饰也卷入到了这些不断变化的压力与尝试中。因此，豪萨装饰要置于其历史环境中以发展的观点去看。本书的重点是将城市设计作为一种艺术形式来研究。这并不意味着要低估从社会、经济及政治角度看待城市形式和结构的意义。不过，这里要指出：将城市作为一种艺术形式，在调查研究领域有它自身的合理性。但这仍是一个观察焦点的问题，因为不考虑社会经济因素，纯艺术研究一定会枯燥乏味。尽管在解释外国文化中的规范和价值时有固有的难度 ，但在艺术和建筑世界仍有探索跨越文化界线的相似性的长期传统。在以下的叙述中，豪萨装饰将在当地的环境、历史和文化脉络中树立起来，以

图9.1 穿越撒哈拉的贸易路线
图9.2 西非的帝国：11-16世纪

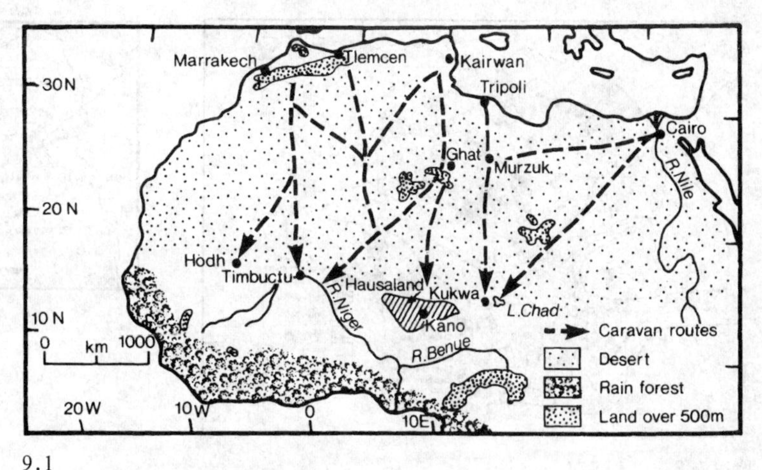

9.1

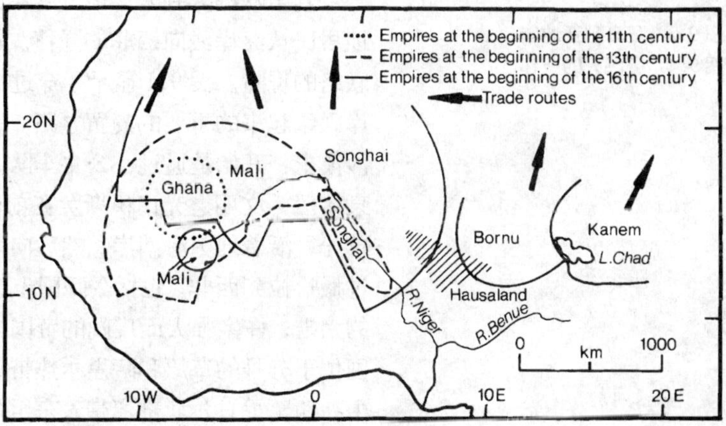

9.2

便读者可以感受到其相似性有多大程度的相关性。

豪萨人的城市及其装饰

“深入极黑暗的非洲……”这种西方流传的带有污蔑性色彩的说法，会让人产生错觉，认为直到欧洲人到来以前，这块巨大的陆地没有发生过什么重要的事情。基于这样的观点，是英、法和葡萄牙这样的国家的殖民行为掀开了无知的阴影并照亮了非洲人民的生活。这种欧洲中心论的观点与非洲的事实相差得太远了，特别是涉及到西非高度装饰化和雕塑化的城市发展时更是如此（芒福汀，1998）。

西非的生态结构以东西向呈带状形式大幅蔓延，与海岸及撒哈拉沙漠平行。总的来说，从南往北，雨季越来越短，旱季越来越长。植物生长情况与这种气候分布情形相类似。海岸边有一大片森林，然后是一大片热带草原，越向北越干燥，直至沙漠。尼日利亚如一块垂直薄片穿过这条自然水平线或者说西非的东西向环境带。

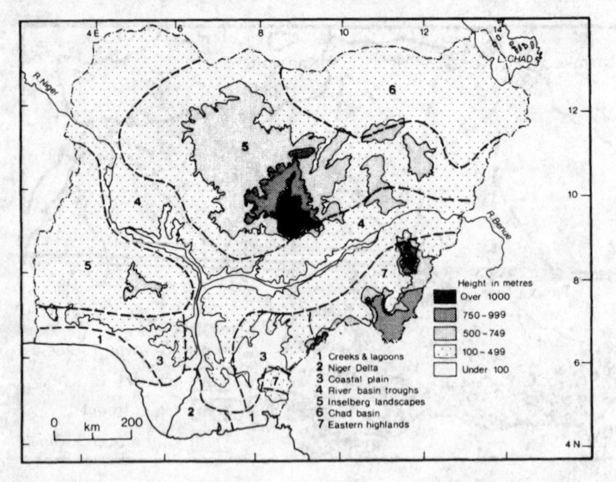

9.3

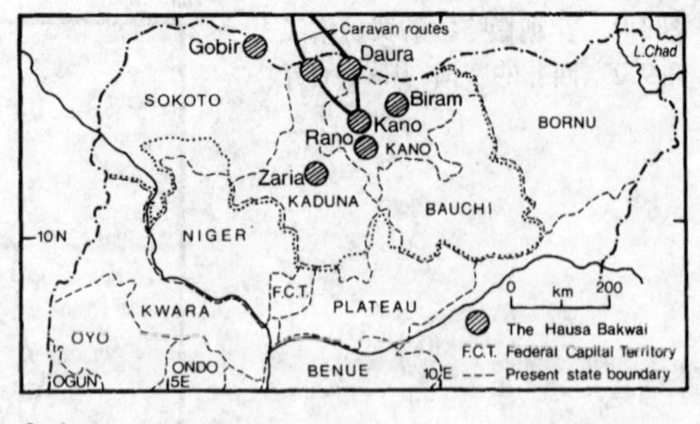

9.4

图9.3 尼日利亚地图
图9.4 豪萨人的城邦

直至欧洲人到来之前，主要是在19世纪，热带雨林阻止了当地居民从海岸线向西非的迁移。北边的撒哈拉沙漠并不是迁移和联络的屏障。图9.1显示了穿过撒哈拉沙漠，将西非与地中海海岸联系起来的重要的商贸之路。思想和贸易自由地穿梭在撒哈拉沙漠上：开始是通过小公牛车队，然后通过骆驼篷车。罗马帝国衰落后，文明之光由伊斯兰在前西部帝国的部分地区保留下来：首先，沿着地中海南岸，然后向北延伸到伊比利亚半岛，向南穿过撒哈拉到西非，包括豪萨国土。4–19世纪，在撒哈拉商贸之路的南端，许多强大而广阔的帝国崛起又衰落了（图9.2）。这些帝国位于苏丹的草原和萨黑尔热带草原(Sahel Savannas)上。它们集中在西至尼日尔北部弯带，东至乍得湖地区。豪萨城正是在这些强大的政治中心的中间点上发展起来的（费奇，1969）。

图9.3显示了尼日利亚的地形。人口集中的主要地区位于国家北方、东南及西南的高地。这些高海拔区高地支撑着豪萨先进的文化尤如巴(Yoruba)、比尼(Bini)和伊格博(Igbo)地区的先进文化。这些地区被人烟稀少海拔较低的、以盛行吸血蝇和坚硬无法灌溉的红土而闻名的尼日尔–贝鲁(Niger–Benue)河盆分隔开来(Mobogunje,1971)。

图9.4显示了豪萨巴克维(Hausa Bakwai)，即豪萨的七个城的具体位置。根据豪萨人传说，豪萨巴克维最初的七个组成城邦，是Daura（道拉）、Biram、Katsina、卡诺（Kano）、拉诺（Rano）、扎瑞亚和戈比尔（Gobir）。它们可能建于公元14世纪，位于乍得湖西岸，在尼日尔河与贝鲁河两河之间。如今最重要的城市是卡诺，扎瑞亚和更近些时建立的索科托(Sokoto)。索阔托是哈里统治区的精神首都，建立于Jibad圣战期间，19世纪的最初10年，这里兴起的复兴伊斯兰教成为了豪萨地区大多数居民的宗教信仰。

图9.22–图9.26展现了豪萨人用高度装饰化方法修建的泥土建筑所体现的典雅。本章的焦点是分析这种装饰工作与建筑结

图9.5　从礼拜塔看卡诺

构和城市结构之间的关系。这种分析的基础是建立在对构建过程部分地决定形式的理解上的。

豪萨的城市形式

图9.5是从星期五清真寺(Friday Mosque)的尖塔上看到的卡诺。它展现了这个100万人口的大城市的一小部分。图9.6是对扎瑞亚老城结构的分析。传统的豪萨人城市的主要通道穿过一度严密防卫的大门，越过宽广的农田，然后通过主居住区到达城市的两个中心之一。城市的主中心是丹达尔(dendal)，它是民事的、宗教的和礼仪的焦点，以及城市的商业心脏——市场。在丹达尔的边缘，但不是围住它的，是埃米尔王宫(Emir' s Palace)、星期五清真寺和行政建筑。

环绕着丹达尔和市场的居住区分成了分区或城市住区(city quarters)——盎古果伊(ungugoyi)。这些城市住区通常和特定的人口相联系，并且通常被从事同一行业的人群占有。住区的中心点是分区头领的家、一个小清真寺和一个街道市场。住宅进一步再分为家庭混合体，它们的成员有共同的祖先。由组群构成的家庭的住所面向同一个开敞空间，朝向它开着门的入口（芒福汀，1985）。

建　造

豪萨人的建筑是用当地材料建造的。铁矾土(Laterite)是用于建造土城的最重要材料：它是覆盖绝大部分豪萨地区的红色土壤。铁矾土是富矿石被侵蚀后的残余物，用于墙、屋顶、地板、灯光和装饰处理。另一种主要的建筑材料是阿扎拉(azara)。阿扎拉是取自deleb、dumi或kurma棕榈的木质材料。这些木材是不受白蚁攻击或毁坏的，这样的白蚁在西非大量被发现。

阿扎拉的经济跨度大约是1.8米(6英尺)。就是这6英尺模数

图9.6　老城结构

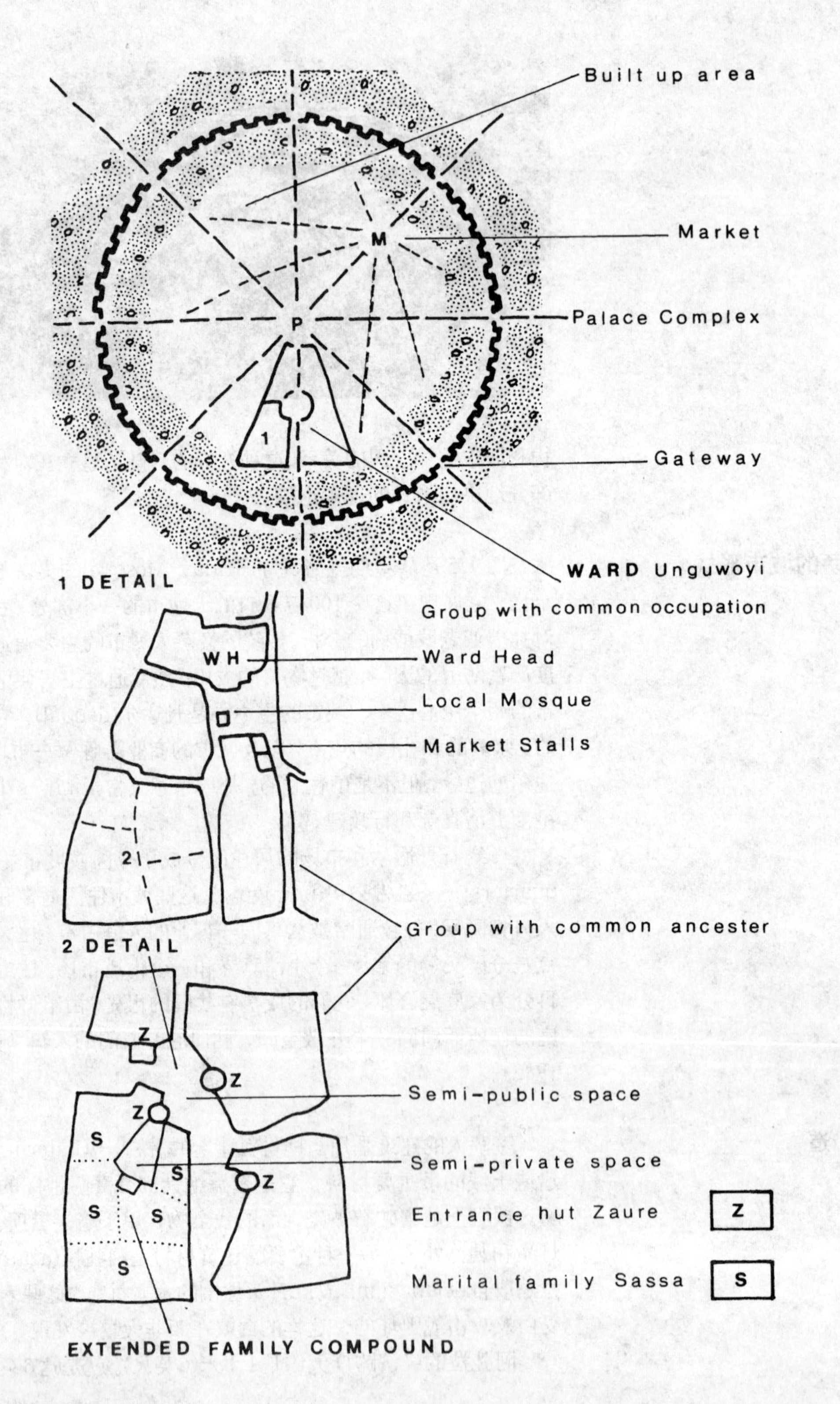
Built up area
M
Market
P
Palace Complex
1
Gateway
WARD Unguwoyi
1 DETAIL
Group with common occupation
WH
Ward Head
Local Mosque
Market Stalls
2
Group with common ancester
2 DETAIL
Z
Semi-public space
S
Semi-private space
Entrance hut Zaure
Z
Marital family Sassa
S
EXTENDED FAMILY COMPOUND

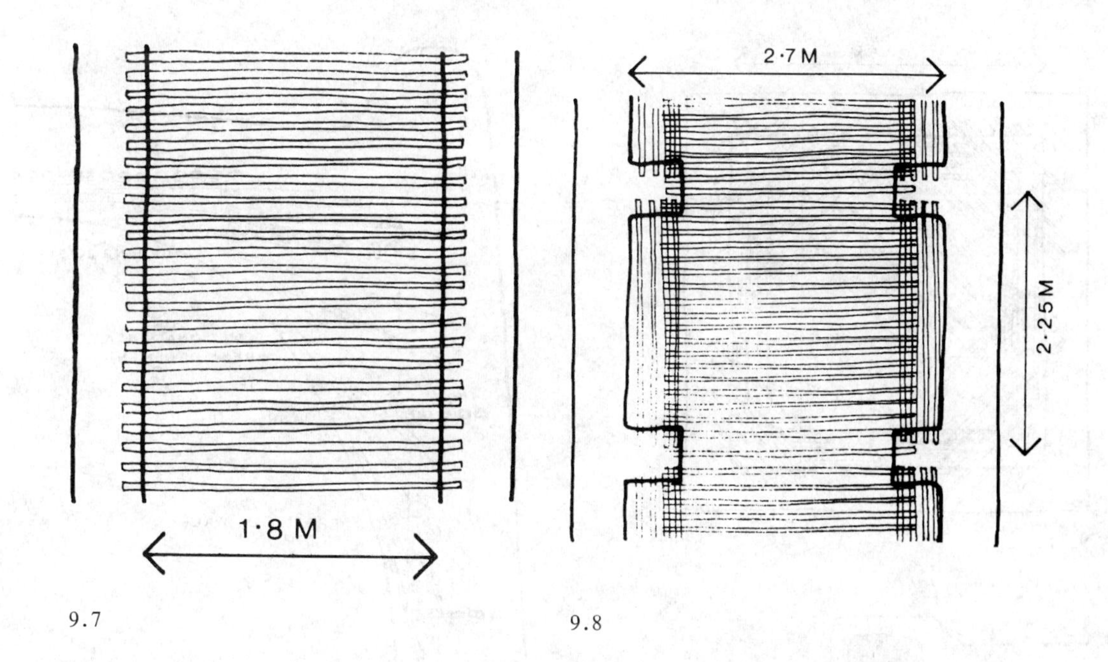

9.7

9.8

图9.7　　结构模数：跨越1.8米的空间
图9.8　　结构模数：跨越2.7米的空间
图9.9　　结构模数：跨越2.55米的空间
图9.10　结构模数：跨越2.7米×3.45米的空间

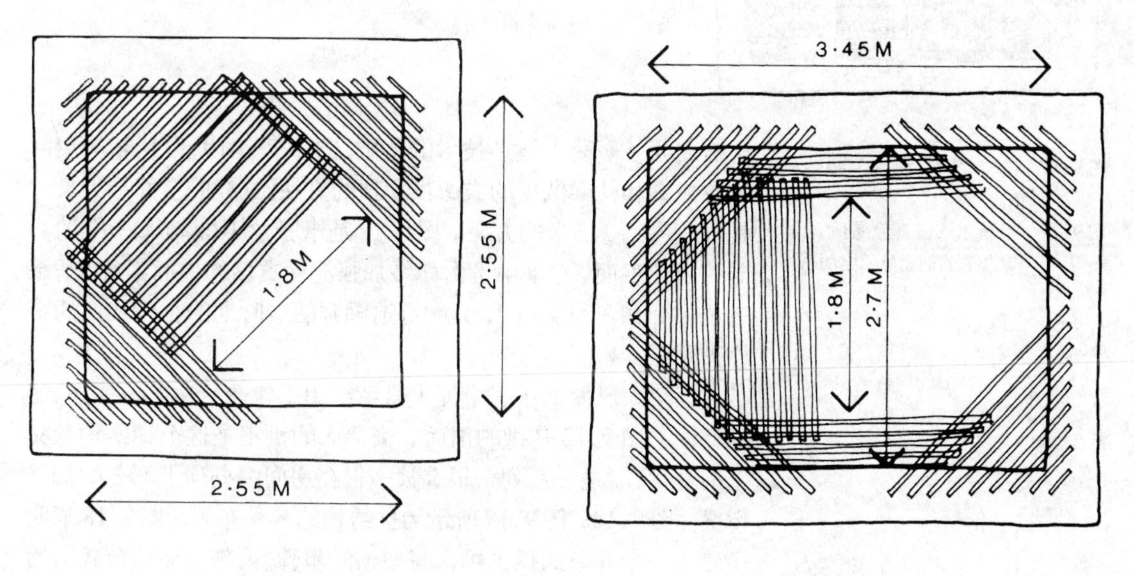

9.9

9.10

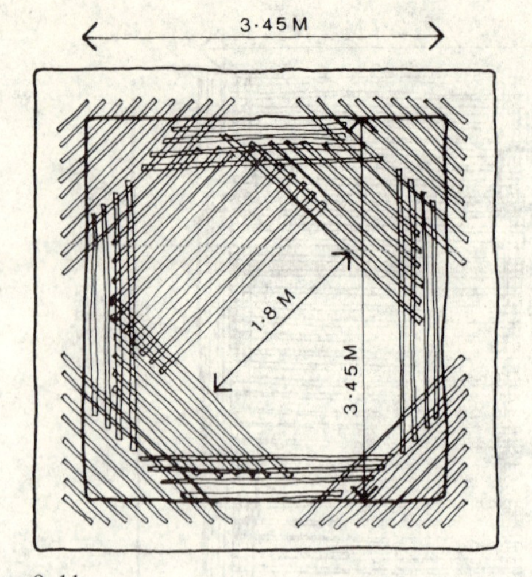

9.11

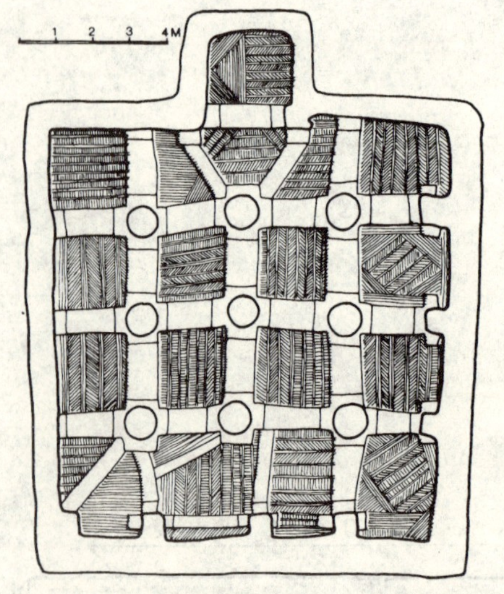

9.12

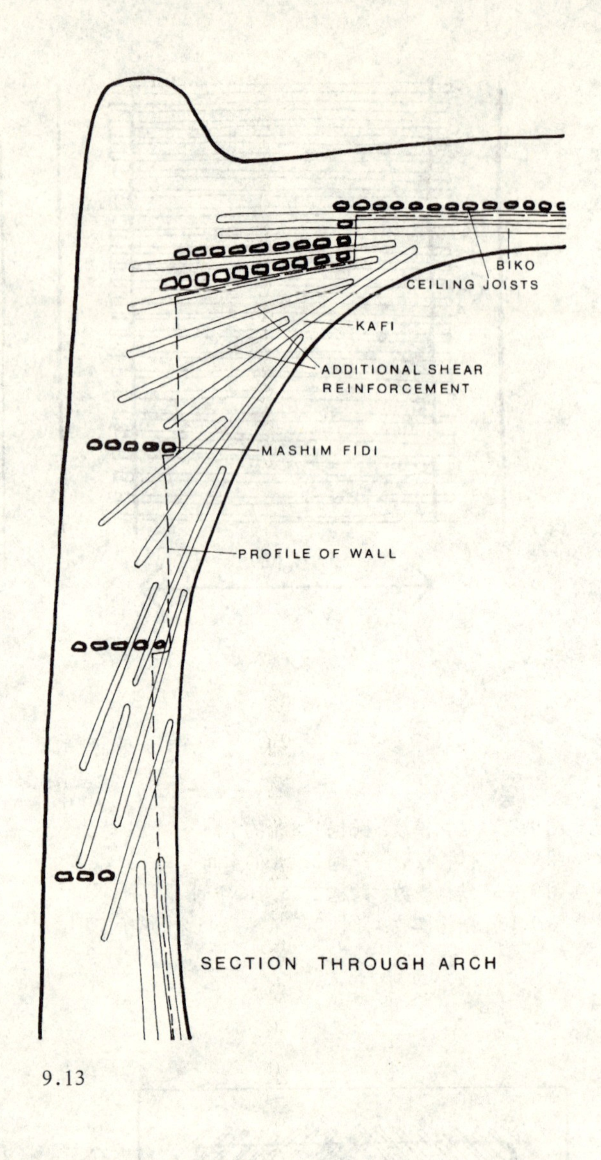

9.13

图9.11 结构模数：跨越3.45米的空间
图9.12 卡骚尔的清真寺屋顶
图9.13 穿过拱的剖面显示出加筋

规格成为了豪萨人建造技术的基础。图9.7–图9.11所示为用阿扎拉托梁和枕梁做平的或微拱屋顶的方法。这样的空间最大尺寸是周长大约3.5米的方块。图9.12是卡骚尔(Kazaure)一个清真寺的屋顶平面，它采用了由许多加强泥柱支撑的屋面系统。结果有了一个和在卢克索(Luxor)可追溯到法老时期的神庙相似的多柱大厅。

豪萨人已发展了一个泥土拱系统用于建造可达8米见方的无障空间。图9.13是拱的剖面。豪萨人的拱不是这个词结构意义上的真拱，而是一系列一根叠放一根在房间中央顶上汇合的加强撑梁。图9.14–图9.17所示为拱结构的各种布置。图9.18阐明了建造一个简单的拱支撑穹窿屋顶的步骤。大部分屋顶荷载由倾斜托梁直接传到墙上，这样减少了拱顶——最易受损的一点——

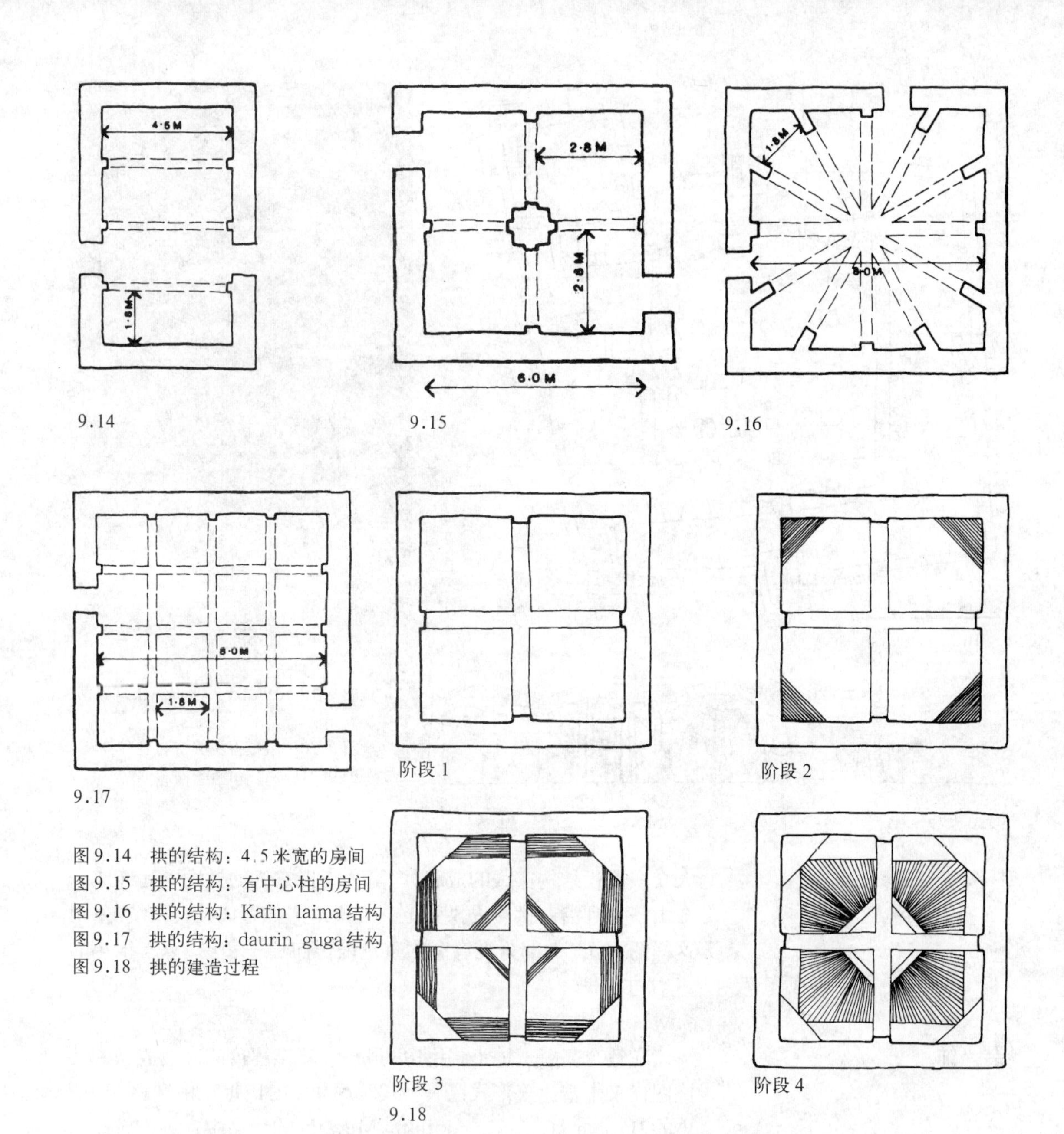

图9.14　拱的结构：4.5米宽的房间
图9.15　拱的结构：有中心柱的房间
图9.16　拱的结构：Kafin laima结构
图9.17　拱的结构：daurin guga结构
图9.18　拱的建造过程

的负荷（芒福汀，1985）。

图9.19和图9.20图释了扎瑞亚的星期五清真寺马萨拉欣·杰马阿(Masallacin Jumma' a)的复杂结构。它可能是豪萨人结构成就的顶点。清真寺由Babban Gwani Mallam Mikaila建于19世纪30年代，他是在为净化伊斯兰而进行的杰拜(Jibad)圣战之后，富拉尼人(Fulani)统治下的豪萨领土上的第一个伟大建造者。清真寺的六个称作图卢瓦(tulluwa)的穹窿展现了豪萨结构技术的全部精妙之处。每个主空间大约7米见方，并由两面主结构墙、21根柱子和一堵在构图中央的独立墙支撑。它代表豪萨

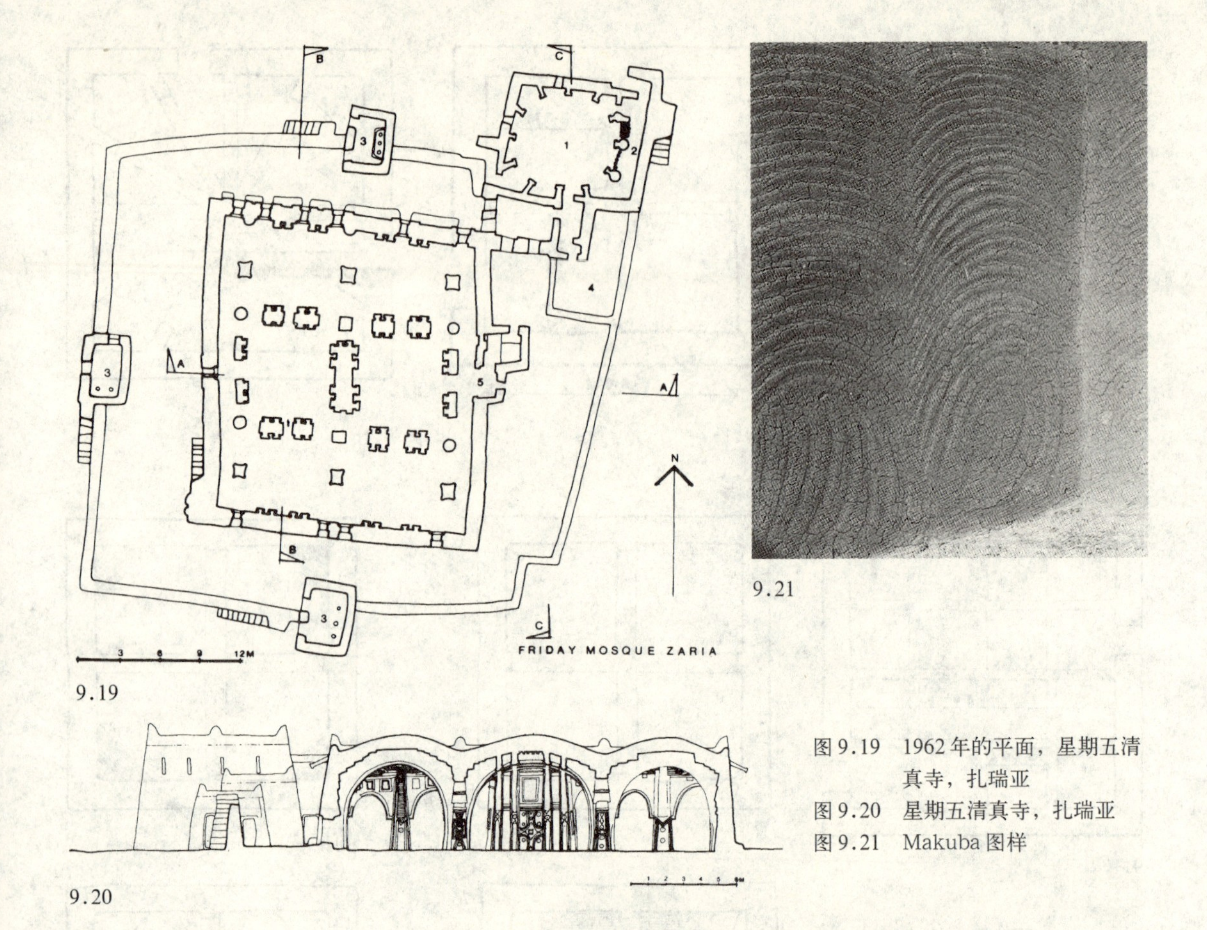

9.19

9.21

9.20

图 9.19 1962 年的平面，星期五清真寺，扎瑞亚

图 9.20 星期五清真寺，扎瑞亚

图 9.21 Makuba 图样

人众多世代结构实践的成就。穹窿和支撑它们的拱廊一起连成一个由一系列沿着拱腰或拱背上升的梁组成的整体结构系统。采用这样的方式，大部分泥穹窿的重量被传向柱子和墙，只有很小的不均匀荷载。

装　饰

在整个豪萨土地上，用不同风格和复杂程度的高度成型的装饰图样来丰富建筑形式已有很长时间了。在19世纪中期，扎瑞亚市的Babban Gwani，Mallam Mikaila的作品中，装饰或许到达了顶点。20世纪30-60年代，这种装饰又再度昌盛。这个精致的装饰作品，许多已永久丢失了；有些随着时尚的转变，旧有的建筑被装配了生活设施，那些设施在现在看来是起码的生活条件。

传统的豪萨装饰是建造过程中的一个整体部分。它通常是普通建造者干的活儿，在建设的最后阶段施以灰泥面层时进行。最简单的装饰形式是由在新抹灰的表面上重复手的动作制造出来的（图9.21）。例如，这些墙的末道活儿用在建筑综合体的外周墙上，通过大面积图样标明这个扩展的穆斯林家族的内部私人世界和外部公共空间之间的界面或边缘的归属权。

图 9.22　装饰性大门，扎瑞亚

为了保持结构的稳定性，泥土建筑必须有一道实在的表面收尾：它的寿命取决于维护。在豪萨人中，一年一度的重新抹面，在某种程度上说还存在于乡村社区中，它是一种宗教仪式。整个社区都卷入这一活动，抹图样成为对归属权作记号和再申明这一仪式的简单表现。特别的关照留给了结构的关键处。墙面的薄弱点、开洞、栏墙、拱的交叉点和拱接到墙上的地方，统统受到特别关注。这些地方都被大量使用的保护性符号所保佑。墙上的开洞，尤其是入口，是最需要保护的。遍布西非的与变化或转变相关的典礼和仪式都在入口举行。宣布孩子降生或其生命之始的命名仪式就在建筑综合体的入口处进行，葬礼也在这里举行。同样，在入口陌生人被接见并迎进入豪萨人的建筑综合体中。建筑综合体通常只有一个入口，因此这里集中了豪萨人最奢华的装饰（图 9.22）。

一些豪萨人用在墙面装饰上的主题有其在前伊斯兰时期动物图腾崇拜的渊源。这一类型最普遍的装饰特征是自然的物体或与族群图腾相关的动物，豪萨人使用的一些简单装饰就像图阿雷格人(Tuareg)基于圆和三角组合的称为泰尔巴塔那(Talbatana)的丰产符咒（图 9.23）。它们常常被放在拱下面和墙的交接点(结构最脆弱的位置)上。随着伊斯兰教的引入，基于阿拉伯书法的伊斯兰符号体系和宗教工艺品，比如淋浴罐，都进入了豪萨人的图样制作中。这样的主题从来没完全取代更古老的本土图样，而且最近以来，自行车、飞机和钟这样的现代特征，也以精巧的做工进入了传统图案（图 9.24）。豪萨人的城市装饰倾向于含蓄，而且经过了任何形式的展现，除了很少数，都不受鼓励的时期。即使在那些相对繁荣的时期，丰

9.23

9.24

图9.23 Daura皇宫，佐鄂(Zaure)内部
图9.24 自行车住宅，扎瑞亚

富的装饰也是为那些被认为是需要附加支撑的结构部分保留的[利厄瑞(Leary)，1977]。豪萨的建造者看起来的确坚持了葡京的规则，尽管不是用他写的那些词条（皮金，1841b）。

社会地位与展示

利厄瑞已将从杰拜圣战以来豪萨装饰的历程列了表(1975)。他发现在19世纪初，除破坏偶像的情绪之外，也是一个将装饰性建筑物上的展示限制在统治者、他们的姻亲和他们的下属中的时期。通过客户关系和庇护关系跟统治阶级相联系的平民，即塔拉卡瓦(talakawa)，是不允许用这样的展示来表现他们自己的。20世纪，对这种展示的限制逐渐放松，导致了商人及其他共享增长繁荣的人们对城市的装饰。到了20世纪五六十年代，装饰在城市中可能已是最普遍的时候了。第二次世界大战后的经济活动创造的财富，伴随商人阶层新发现的自由，导致了住宅装饰的一倾如注和极度丰富。

装饰与城市结构

在组成豪萨人城市的明显无定形的建筑复合体中，装饰的位置和类型趋于遵循一个明确的发展模式，它基于豪萨人的社会、经济和行政组织。在由外来人占据的集镇边缘的居住区被残存围墙形成的硬边和镇集的其他部分明显区别并隔离开来。扎瑞亚的

图9.25 装饰的住宅，土登瓦达，扎瑞亚

图9.26 当地清真寺，土登瓦达，扎瑞亚

9.25

9.26

土登瓦达(Tudun Wada)就是这样一个区域。它由信穆斯林的外来者占据。在这里，对装饰的限制没有被严格强制地执行，因而这块特定区域与更为传统的区域比起来，装饰程度最高(图9.25和图9.26)。在老城的城墙内，集中于王宫周围的区域有其自己含蓄的特征。这是由王室远亲和相关贵族占据的区域。它已经发展出其比较稳重安静的环境，由边上带高围墙的众多建筑综合体构成。和土登瓦达相比，装饰倾向于节制含蓄（图9.27)。又一个不同之处是，这一住区靠近市场，是富商的居住区。这里的土价高，密度更高。对空间的竞争导致了带小房间的二层楼的发展，它出现在豪萨人无处不在的院落小块中(图9.24和图9.28)。进一步的调查揭示出为屠夫、建造者和编织者用的分区，每个城

9.27

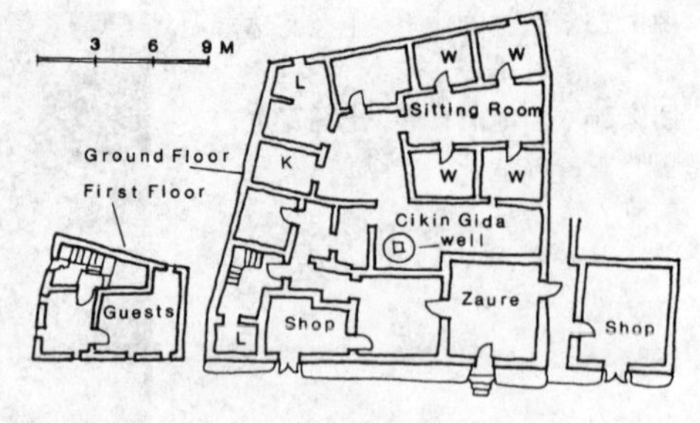

9.28

图9.27 Mallawa住宅，扎瑞亚
图9.28 富裕商人的家，扎瑞亚
图9.29 Daura屠夫小区

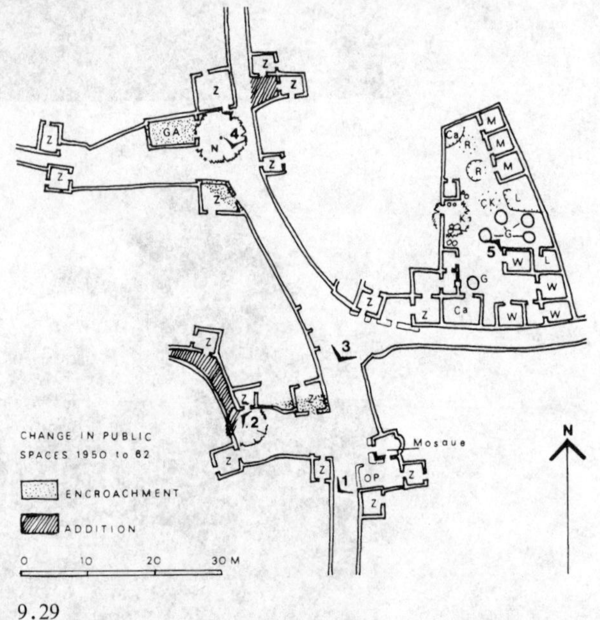

9.29

市住区都有它自己的特征：它有一个中心和清楚的边界，有时以开敞的农田——法达玛(fadama)标记出来；更为通常的做法是，边上围以建筑综合体的墙，这些墙限定出穿过城市的主要道路。

在豪萨人的城市，套用林奇的术语，是有场所或“节点”。在很局部的层次，大量的家庭综合体朝一个公共空间开敞；另一种类型是分区的中心，那里安有分区头领的家。最后，在等级的最顶端是城市的孪生焦点——丹达尔和主市场。正是在这些节点或高度活跃的场所，布置有最多的装饰。以局部区域为例，节点由一组高度装饰的入口、一块户外祈祷区和一块可以坐和聊天的遮荫场所标志出来（图9.29和图9.30）。如果这地方更重要点，它就可能有一个小的装饰过的清真寺（图9.31）。在丹达尔——政治和宗教生活的中心，设有最动人的装饰。

诺里(Nolli)在《城市设计：方法与技巧》一书中重制的16世

图9.30 Daura屠夫小区

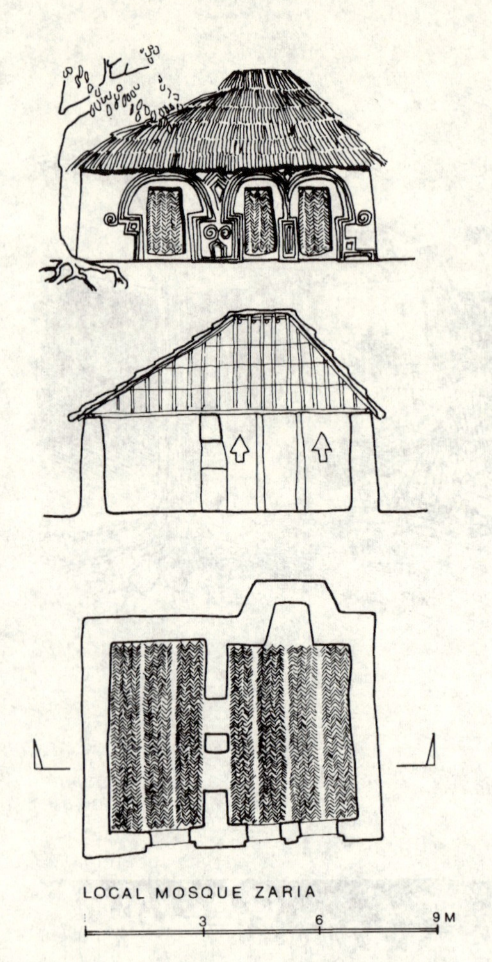

9.31

9.32

9.33

图9.31　当地清真寺，扎瑞亚
图9.32　接待套房，皇宫，卡塔
图9.33　Tafida住宅，索阔托

纪罗马地图，强调了在如教堂这样的建筑物内，介于外部公共空间和内部半公共空间之间的关系：两种类型都被一种相似地手法绘画似地处理过，把公共领域从组成城市大部分的私人范围中区分出来。豪萨人城市中活动的主要节点或场所遵从这一模式：它们包括在建筑综合体边界之外的公共空间，同时还有半公共的入口小屋——佐鄂、豪萨人住宅混合体的墙内的院子和半私密的会议室——斯比基法(Sbigifa)。尼日利亚北部的气候非常炎热，以至好多社交活动在室内进行，以远离炎热。正是在这些宫殿的半公共房里，以及大住宅或更卑微点的住所，装饰常常是豪华的。图9.32所示为用在卡诺宫殿中接待室的装饰。图9.33所示为用在威望差点的住户的接待室中的那类设计。

星期五清真寺是豪萨人城市中心场所的一部分：它是社区一周一次集会祈祷和社交的地方。扎瑞亚的星期五清真寺是豪萨人装饰最精致的例子之一。室内的泥浮雕图样朴素而形式化，是一

9.34

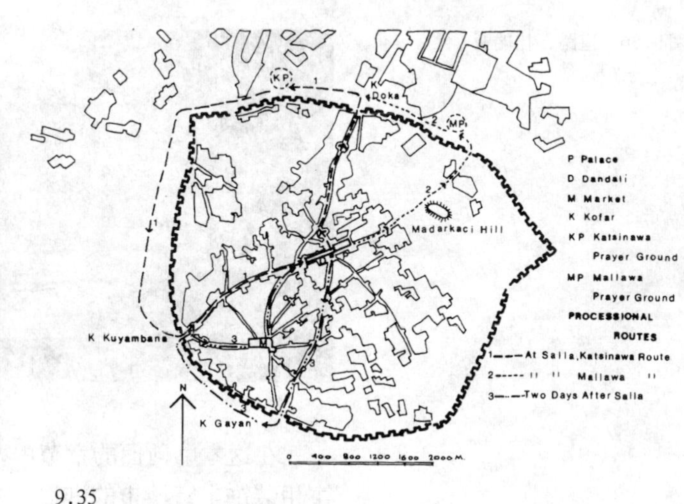

9.35

图 9.34　米拉伯区，星期五清真寺，扎瑞亚

图 9.35　游行路线，扎瑞亚

个从宗教改革年代就开始创作的高贵作品。在其被再开发以前，清真寺的第一印象是大的雕塑形式。装饰受到限制并用在背景上：深刻的垂线、三角和墙墩上的圆，同时，拱下面的水平线强调补充了主形式。更为复杂的设计，比如围绕着叫米拉伯(mibrab)的龛装饰过的横梁放在另外未装饰过的叫奎伯拉(quibla)的墙上，与连接墙墩表面的大胆设计有意识地安放在一起，用以丰富米拉伯区域，以表明麦加的方向(图 9.34)。

老城里的一些道路有作为行进路线的重要作用。例如在萨拉(salla)日，扎瑞亚的埃米尔和他的随从骑在马背上沿如图9.35所示的路线行进。这些部分和城市里其他通向市场、丹达尔或大门的重要道路都被一种重复的机械图样装饰，这图样和那些用在门道和其他开洞周围高度立体化的图样形成对比（图9.36)。在传统的豪萨人城市中，装饰是含蓄而且也是建造过程的一部分。它也倾向于强调城市结构，用于强调边界、入口、聚会场所、道路以及赋予城市主要分块或分区以特征。这个将装饰用来强调城市结构的想法是后现代城市中装饰布置策略发展的有价值的出发点。这一概念扩展了包含在葡京规则中的基本原理。就是说城市中的装饰要用来丰富城市的必要结构，并且即使是最小的细节也应有意义或为一个目的服务。人们可以在从建筑物到城市设计的领域中应用葡京关于装饰布置的建议。它提供了一个将装饰——有限精力和花费分配到那些需要加强感觉的城市区域中去，这种装饰的目的是创造出强烈视觉印象的城市。

图 9.36 道路，扎瑞亚

在这本书前面的章节中，我的同事和我已经展现了怎样从事用装饰丰富城市的进程。在第八章中“后现代城市”的标题下，美国科罗拉多州的丹佛、法兰克福市的泽尔、伦敦市的布罗德盖特，以及伯明翰市中心都被引作尝试通过明智地使用美化和装饰来“医治或完善”城市的例子。这个尾声的目的是加强正文的要点，并清楚地说明一个通过把美化作为工具来加强城市意象的训练有素的城市装饰方法。这个主题已从不同视点以及在完全外国文化的背景中慎重地逼近过，因而此篇可以独立，但也能增加对本书主要论点的支持。

参考书目

Abercrombie.P.(1914)'The Era of Architectural Town Planning', *Town Planning Review*, vol.5(1)pp.195–213.

Abercrombie, P.(1933, reprinted 1944)*Town and Country Planning*. London: Butterworth.

Adshead, S.D.(1911a)'The Decoration and Furnishing of the City: Introduction', *Town Planning Review*. Vol.2(1) pp.16–21.

Adshead, S.D.(1911b)'The Decoration and Furnishing of the City: No.2. Monumental Columns', *Town Planning Review*, Vol.2(2)pp.95–98.

Adshead, S.D.(1911c)'The Decoration and Furnishing of the City: No.3. Obelisks', *Town Planning Review*, Vol.2 (3)pp.197–199.

Adshead, S.D.(1912a)'The Decoration and Furnishing of the City: No.4. Clock Monuments', *Town Planning Review*, Vol.2(4)pp.302–304.

Adshead, S.D.(1912b)'The Decoration and Furnishing of the City: No.5. Fountains', *Town Planning Review*, Vol. 3(1)pp.19–22.

Adshead, S.D.(1912c)'The Decoration and Furnishing of the City: No.6. Fountains', *Town Planning Review*, Vol. 3(2)pp.114–117.

Adshead, S.D.(1912d)'The Decoration and Furnishing of the City: No.7. Statuary', *Town Planning Review*, Vol. 3(3)pp.171–175.

Adshead, S.D.(1913a)'The Decoration and Furnishing of the City. No.8. Statuary: The Single Figure and the Group', *Town Planning Review*, Vol.3(4)pp.238–243.

Adshead, S.D.(1913b)'The Decoration and Furnishing of the City: No.9. Equestrian Statues', *Town Planning Review*, Vol.4(1)pp.3–6.

Adshead, S.D.(1913c)'The Decoration and Furnishing of the City: No.10. Allegorical Sculpture', *Town Planning Review*, Vol.4(2)pp.95–97.

Adshead, S.D.(1913d)'The Decoration and Furnishing of the City: No.11. Utilitarian Furnishings', *Town Planning Review*, Vol.4(3)pp.191–194.

Adshead, S.D.(1914a)'The Decoration and Furnishing of the City: No.12. Lamp Standards', *Town Planning Review*, Vol.4(4)pp.292–296.

Adshead, S.D.(1914b)'The Decoration and Furnishing of the City: No.13. Tall Lighting Standards, Masts, and Car Poles,' *Town Planning Review*, Vol.5(1)pp.47–48.

Adshead, S.D.(1914c)'The Decoration and Furnishing of the City: No.14. Shelters', *Town Planning Review*, Vol.5 (2)pp.139–140.

Adshead, S.D.(1914d)'The Decoration and Furnishing of the City: No.15. Refuges and Protection Posts', *Town Planning Review*, Vol.5(3)pp.225–227.

Adshead, S.D.(1915)'The Decoration and Furnishing of the City: No.16. Trees', *Town Planning Review*, Vol.5(4) pp.300–306.

Alberti, L.B.(1955)*Ten Books on Architecture*, (trns, Cosimo Bartoli(into Italian)and James Leoni(into English), London: Tiranti.

Alexander, C. *et.al.*(1977)*Pattern Language*, Oxford: Oxford University Press.

Alexander, C. *et.al.*(1987)*A New Theory of Urban Design*, Oxford: Oxford University Press.

Ambrose, P. and Colenutt, B.(1979)*The Property Machine*, Harmondsworth: Penguin.

Attoe, W.(1981)*Skylines: Understanding and Molding Urban Silhouettes*, New York: John Wiley and Sons.

Bacon, E.(1978)*Design of Cities*, London: Thames and Hudson.

Barnett, J.(1986)*The Elusive City: Five Centuries of Design, Ambition and Miscalculation*, London: The Herbert Press.

Beazly, E.(1967)*Design and Detail of Space Between Buildings*, London: Architectural Press.

Bentley, I. *et al.*(1985)*Responsive Environments: A Manual for Designers*, London: Architectural Press.

Birren, F. (1969) *Principles of Colour: A Review of Past Traditions and Modern Theories of Colour Harmony*, New York: Van Nostrand Reinhold.

Blowers, A. (1993) *Planning for a sustainable environment; a report by the Town and Country Planning Association*, London: Earthseen Publications.

Blumenfeld, H. (1953) 'Scale in Civic Design', *Town Planning Review*, Vol. XXIV, April, pp. 35–46.

Brand, K. (1992) *The Park Estate*, Nottingham: Nottingham Civic Society.

Brundtland, The World Commission on Environmental Development (1987) *Our Common Future*, Oxford: Oxford University Press.

Buchanan, D. A. and Huczynski, A. A. (1985) *Organisational Behaviour: An Introductory Text*, Englewood Cliffs: Prentice Hall.

Chevreul, M. E. (1967) *Principles of Harmony and Contrast of Colours* (1839) reprinted, Introduction and notes by F. Birren, New York: Van Nostrand Reinhold.

Collins, G. R. and Collins, C. C. (1986) *City Planning According to Artistic Principles*, New York: Random House.

Cullen, G. (1986) *The Concise Townscape*, London: Architectural Press.

Dewhurst, R. K. (1960) 'Saltaire', *Town Planning Review*, Vol. XXXI, July pp. 135–144.

Dmochowski, Z. R. (1990) *An Introduction to Nigerian Traditional Arcbitecture, Vol 1, Northern Nigeria*, London: Ethographica.

Düttmann, M., Schmuck, F. and Uhl, J. (1981) *Colour in Townscape*, London: The Architectural Press.

Edwards, A. T. (1926) *Architectural Style*, London: Faber and Gwyer.

Elkin, T. and McLaren, D. (1991) *Reviving the City: towards sustainable urban development*, London: Friends of the Earth.

Fage, J. D. (1969) *A History of West Africa*, London: Cambridge University Press.

Gadbury, J. (1989) A *Sustainable Site for Development*, Park Residents Newsletter, No. 27, June 1992.

Geddes, P. (1949) *Cities in Evolution*, London: Williams and Norgate.

Gibberd, F. (1995) *Town Design*, 2nd Edition, London: Architectural Press.

Girourard, M. (1985) *Cities and People: A Social and Architectural History*, New Haven: Yale University Press.

Glancy, J. (1989) *New British Architecture*, London: Thames and Hudson.

Glancy, J. (1992) 'Gorblimey, Guv, all it needs is muffin men and sweeps', *The Independent*, 14th November.

Halprin, L. (1972) *Cities, Cambridge*, MS: MIT Press.

Hitler, A. (1971) *Mein Kampf*, translated by Ralph Manheim, Boston: Houghton Mifflin.

Hobhouse, H. (1975) *The History of Regent Street*, London: Macdonald and Jane' s.

Howard, E. (1965) *Garden Cities of To-Morrow*, London: Faber.

Hughes, R. (1980) *The Shock of the New: Art and the Century of Cbange*, London: British Broadcasting Corporation.

Jacobs, J. (1965) *The Death and Life of Great American Cities*, Harmondsworth: Penguin.

Jencks, C. with Krier, L. (1988) 'Paternoster Square', *Architectural Design*, Vol. 58. (1/2) pp. VII–XIII.

Jencks, C. (1990) *The Language of Post-Modern Architecture*, London: Academy Editions.

Katz, D. (1950) *Gestalt Psychology*, New York: Ronald Press.

Koffka, K. (1935) *Principles of Gestalt Psychology*, London: Routledge and Kegan Paul.

Kostof, S. (1991) *The City Shaped: Urban Patterns and Meanings through History*, London: Thames and Hudson.

Kostof, S. (1992) *The City Assembled: The Elements of Urban Form Through History*, London: Thames and Hudson.

Krier, R. (1979) *Urban Space*, London: Academy Editions.

Krier, R. (1983) *Architectural Design Profile 49-Elements of Architecture*, London: AD Publications.

Le Corbusier, (1946) *Towards a New Architecture*, London: Architectural Press.

Le Corbusier, (1947) *Concerning Town Planning*, London: Architectural Press.

Le Corbusier (1967) *The Radiant City: Elements of a Doctrine of Urbanism to be used as tbe Basis of our Machine-Age Civilisation*, London: Faber.

Leary, A. H. (1975) *Social and Economic Factors in the Development of Hausa Building Decoration*, University of Birmingham: Centre for African Studies.

Leary, A. H. (1977) 'A Decorated Palace in Kano,' *AARP*, No 12, pp. 11–17.

Lenclos, J. P. (1977) 'France: How to Paint Industry', *Domus*, No. 568, March.

Lozano, E. E. (1974) 'Visual Needs on the Urban Environment', *Town Planning Review*, Vol. 45(4) October, pp. 351–374.

Lynch, K. (1960) *The Image of the City*, Cambridge, MS: MIT Press.
Lynch, K. (1971) *Site Planning*, 2nd Edition, Cambridge, MS: MIT Press.
Lynch, K. (1972) *What Time is This Place?*, Cambridge, MS: MIT Press.
Lynch, K. (1981) *A Theory of Good City Form*, Cambridge, MS: MIT Press.
Maertens, H. (1884) *Der Optische Mastab in der Bildenden Kuenster*, 2nd Editon, Berlin: Wasmath.
Matthew, D. and Rodwell, A. (1991) *The Environmental Impact of the Car*, London: Greenpeace.
Mobogunje, A. (1971) 'The Land and Peoples of West Africa.' In J.F.A. Crowder, ed., *History of West Africa*, Vol 1, London: Longman.
Morgan, B.G. (1961) *Canonic Design in English Medieval Architecture*, Liverpool: Liverpool University Press.
Morris, A.E.J. (1972) *History of Urban Form: Before the Industrial Revolution*, London: George Godwin.
Morris, A.E.J. (1994) *History of Urban Form Before the Industrial Revolution*, 3rd Edition, London: Longman.
Moughtin, J.C. (1985) *Hausa Architecture*, London: Ethnographica.
Moughtin, J.C. (1992) *Urban Design: Street and Square*, London: Butterworth Architecture.
Moughtin, J.C. (1998) 'Hausa Architecture.' In *AT308, Cities and Technology*, Milton Keynes: BBC and Open University.
Mumford, L. (1938) *The Culture of Cities*, London: Secker and Warburg.
Mumford, L. (1944) *The Condition of Man*, London: Secker and Warburg.
Mumford, L. (1946) *City Development*, London: Secker and Warburg.
Mumford, L. (1961) *The City in History*, London: Secker and Warburg.
Mumford, L. (1968) *The Urban Prospect*, London: Secker and Warburg.
Murdock, N. (1984) 'The decline of the corner in Brussels', *Architecural Design*, Vol. 16(4) pp. 124–126.
Myers, N. (1987) *The Gaia Atlas of Planet Management*, London: Pan.
Norberg-Schulz, C. (1971) *Existence, Space and Architecture*, London: Studio Vista.
Norberg-Schulz, C. (1980) *Genius Loci: Towards a Phenomenology of Architecture*, London: Academy Editions. Owens, S. (1991) *Energy Conscious Planning*, London: CPRE.
Peets, E. (1927) 'Famous Town Planners. II. Camillo Sitte', *Town Planning Review*, Vol. 12(4) pp. 249–259.
Pevsner, N. (1955) *The Englishness of English Art*, London: British Broadcasting Corporation.
Porter, T. (1982) *Colour Outside*, London: The Architectural Press.
Pugin, A.W.N. (1841a) *Contrasts*, Leicester: Leicester University Press, (reprinted 1969).
Pugin, A.W.N. (1841b) *The True Principles of Pointed or Christian Architecture*, London: Henry G. Bohn.
Rasmussen, S.E. (1969) *Town and Buildings*, Cambridge, MS: MIT Press.
Ravetz, A. (1980) *Remaking Cities: Contradictions of the Recent Urban Environment*, London: Croom Helm.
Rossi, A. (1982) *The Architecture of the City*, Cambridge, MS: MIT Press.
Scruton, R. (1979) *The Aesthetics of Architecture*, London: Methuen.
Serlio, S. (1982) *The Five Books of Architecture, An Unabridged Reprint of the English Edition of 1611*, New York: Dover Publications.
Sitte, C. (1901) *Der Stadte-Bau*, Wien: Carl Graeser and Co.
Smith, P.F. (1987) *Architecture and Harmony*, London: RIBA Publications.
Summerson, J. (1935) *John Nash, Architect to King George IV*, London: Allen and Unwin.
Summerson, J. (1963) *The Classical Language of Architecture*, Cambridge MS: MIT Press.
Tibbalds, F. (1992) *Making People-Friendly Towns*, London: Longman.
Tugnut, A. and Robertson, M. (1987) *Making Townscape, a contextual approach to building in an urban setting*, London: Mitchell.
Unwin, R. (1971) *Town Planning in Practice*, 2nd Edition, New York: B. Blom.
Venturi, R. (1966) *Complexity and Contradiction in Architecture*, New York: MOMA.
Vernon, H. (1962) *Principles of Architectural Form*, London: Allen and Unwin.
Vitruvius (1960) *The Ten Books of Architecture*, New York: Dover Publications.
Wölfflin, H. (1964) *Renaissance and Baroque*, London: Collins.
Zucker, P. (1959) *Town and Square*, New, York: Columbia University Press.

致 谢

本书书稿由琳达·弗朗西斯(Linda Francis)和萨拉·沙(Sarah Shaw)打印，珍妮·夏姆波斯(Jenny chambers)校订，彼得·威特荷恩(Peter Witehonre)和史蒂文·托顿·琼斯(Steven Thornton-Jones)负责插图。该书稿得以顺利完成，实在得益于以上诸位的协助。

图4.4—图4.7由旧金山的规划部门提供，史蒂文·蒂斯迪尔(Steven Tiesdell)重绘；图4.9由马丁·英格莱布伦奇(Martin Englebrecht)刻制；图4.16是J·H·阿伦森(J.H.Aronson)绘制的透视图，经美国企鹅图书有限公司企鹅分部的允许，引自埃德蒙·N·培根的《城市设计》(1974)；图7.11由诺丁汉大学建筑学院阿拉斯戴·加德奈(Alastair Gardner)提供；图7.13和图7.14由J·P·莱柯斯(J.P.Lencols)友情提供。在此谨向上述机构和人士致以诚挚的谢意！本书其余插图和照片均为作者所作。